我国野生披碱草属牧草遗传多样性研究

◎德 英 著

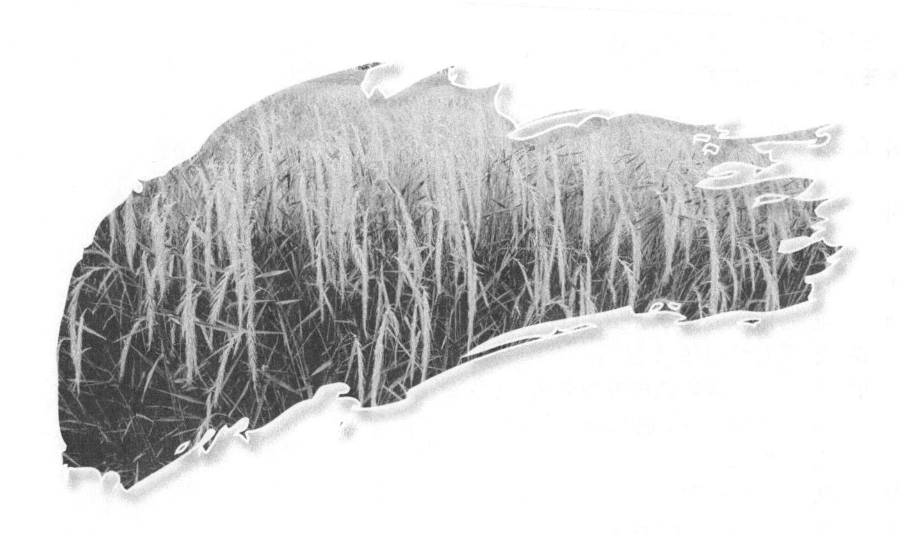

中国农业科学技术出版社

图书在版编目（CIP）数据

我国野生披碱草属牧草遗传多样性研究 / 德英著．—北京：中国农业科学技术出版社，2018.12

ISBN 978-7-5116-3953-0

Ⅰ．①我…　Ⅱ．①德…　Ⅲ．①牧草-遗传多样性-研究　Ⅳ．①S540.3

中国版本图书馆 CIP 数据核字（2018）第 279220 号

责任编辑　闫庆健　陶　莲
责任校对　马广洋

出 版 者　中国农业科学技术出版社
北京市中关村南大街 12 号　邮编：100081
电　　话　(010)82109705(编辑室)　(010)82109704(发行部)
(010)82109709(读者服务部)
传　　真　(010)82106625
网　　址　http://www.castp.cn
经 销 者　各地新华书店
印 刷 者　北京建宏印刷有限公司
开　　本　710mm×1 000mm　1/16
印　　张　9.25
字　　数　173 千字
版　　次　2018 年 12 月第 1 版　2019 年 2 月第 2 次印刷
定　　价　48.00 元

《我国野生披碱草属牧草遗传多样性研究》

著 者 名 单

主 著 德 英

参 著 （按姓氏笔画排列）

王 琴 王照兰 刘新亮 赵来喜

赵 玥 徐春波 穆怀彬

资助项目及单位

1. 中国农业科学院科技创新工程

2. 中央级公益性科研院所基本科研业务费（中国农业科学院草原研究所）专项资金（2008-Z-1）

3. 国家自然科技资源共享平台牧草植物种质资源标准化整理、整合及共享试点（2005DKA21007）

前　言

披碱草属（*Elymus* L.）是禾本科（Gramineae）小麦族（Triticeae）重要的一个属，按《中国植物志》记载，我国有12个野生种，多数是草原和草甸的重要组成成分，具有较高的饲用价值。

因地域辽阔，自然环境极其复杂，我国披碱草属牧草种质资源非常丰富，是我国发展草地畜牧业的重要物质基础，具有广阔的研究和利用前景。近年来，我国基本完成了一些重点与典型地区的披碱草属牧草种质资源考察和部分种质的采集工作，基本摸清了这些地区的披碱草属牧草种质资源现状与家底，但因起步晚、物力、财力和人力的不足，收集的种质很多未能及时进行相应的鉴定、评价、筛选等深入研究，尤其对披碱草属牧草种质资源遗传多样性、种质创新、基因挖掘等研究乏力。所以，在继续搜集我国披碱草属牧草种质资源的情况下，一方面应逐步开展披碱草属牧草种内的系统鉴定和筛选；另一方面应重点加强其遗传多样性、遗传分化机理等方面的深入研究，为合理保护、高效利用提供依据。

笔者在同一试验条件下，对我国105份野生披碱草属牧草进行了穗部多样性研究，针对属内的重点草种老芒麦（*E. sibiricus*）和垂穗披碱草（*E. nutans*）进行了形态学多样性和主要农艺性状研究；对我国野生12种披碱草属牧草进行了染色体核型分析，同时进行了RAPD遗传多样性分析；对老芒麦种质进行了染色体核型分析；老芒麦和垂穗披碱草进行了ISSR和ITS序列分析。获得主要结果如下：

（1）我国野生披碱草属牧草居群的遗传多样性主要集中在居群内部（72.11%），居群间的遗传变异较小（27.89%），我国西北部是野生披碱草属牧草的分布中心，也是披碱草属牧草的遗传多样性中心。穗部性状指标的平均变异系数为31.22%，最大的颖芒长的变异系数为58.932%，其次为旗叶与穗基部长度的变异系数为56.683%，最小的外稃长为14.908%。居群总多样性指数最高的为小穗长（2.054）；其次是穗长（2.049），最低的为小花数（1.404），居群内多样性指数最高的为旗叶与穗基部长（1.648）；其次是小穗数（1.638），最低的为小花数（0.671）。

（2）老芒麦和垂穗披碱草种间差异显著，二者在种内也有显著差异，且种间的差异大于种内，表现出较为丰富的表型多样性。老芒麦表型分化的主要指标有12个，垂穗披碱草表型分化的主要指标有11个，分化的主要指标中有9个相同，株高和小穗数是老芒麦和垂穗披碱草最主要的两个表型分化指标。

（3）老芒麦生育期差异大于垂穗披碱草，在整个生长期内，老芒麦从分蘖期到孕穗期株高变化幅度最大，而垂穗披碱草株高变化幅度最大是从分蘖期到开花期；老芒麦和垂穗披碱草叶面积指标变化最快的时期都是分蘖期到拔节期。在完熟期，来自高海拔地区的老芒麦株高都大于低海拔地区，高纬度地区的垂穗披碱草植株都矮于来自低纬度地区的；高纬度地区的老芒麦叶面积大于来自低纬度地区，而高海拔地区的垂穗披碱草叶面积大于来自低海拔地区。老芒麦中以晚熟材料居多，而垂穗披碱草以早熟材料居多，晚熟材料表现为植株较矮，叶面积较大，分蘖数较多；而早熟型材料则表现为植株高大，叶面积较小，分蘖数较少。

（4）垂穗披碱草的鲜干比大于老芒麦，所有供试材料中ES018和EN004的鲜干比最大，营养较丰富；来自高海拔地区的老芒麦单穗重都比较小；通过综合比较，ES010、ES011、ES014、ES021、ES024、EN010、EN011、EN015的穗茎干重、分蘖数以及单穗重等表现最好，在生产中可优先利用。ES031可作为培育早熟品种的原始材料深入研究。

（5）我国12种野生披碱草属牧草核型分析，结果表明它们染色体基数为7，数目分别$2n=28$、$2n=42$和$2n=56$，其中老芒麦为四倍体，$2n=4x=28$，无芒披碱草为八倍体，$2n=8x=56$，其余10种均为六倍体。染色体主要由中部着丝粒（m）和近中着丝粒（sm）染色体组成。平均臂比介于1.317~1.511。其核型类型分2B、2A、1B、1A四种类型。核型进化由高到低依次为：2B［老芒麦、披碱草（*Elymus. dahuricus*）、青紫披碱草（*E. dahuricus* var. *violeus*）］>2A［无芒披碱草（*E. submuticus*）、黑紫披碱草（*E. atratus*）、肥披碱草（*E. excelsus*）、毛披碱草（*E. villifer*）］>1B［垂穗披碱草、麦賨草（*E. tangutorum*）、圆柱披碱草（*E. cylindricus*）、紫芒披碱草（*E. purpuraristatus*）］>1A［短芒披碱草（*E. breviaristatus*）］。

我国12种野生披碱草属牧草的核型似近系数（λ）范围为0.994~0.863，其中披碱草与青紫披碱草的核型似近系数最大，亲缘关系十分密切。聚类分析可分为两类，第一类老芒麦；第二类分为两组，第一组为披碱草、青紫披碱草、黑紫披碱草、肥披碱草、无芒披碱草、毛披碱草和短芒披碱草，第二组为垂穗披碱草、麦蕒草、圆柱披碱草和紫芒披碱草。根据核型似近系数进行的聚类分析，能够体现披碱草属种间的亲缘关系。其聚类结果明显地按照核型类型分类，且与形态分类部分吻合。

（6）4份老芒麦染色体核型公式均不同，类型包括1B和2B，染色体组绝对长度变异范围13.444~3.850μm，相对长度变异范围10.975%~4.040%，平均相对长度变异范围为7.143%，核型不对称系数变异范围为60.140%~58.390%；相互间的核型似近系数范围是0.994~0.913，平均为0.955，即同一物种染色体同源性较高。

（7）30条有效引物对我国野生12种披碱草属牧草种间材料进行RAPD分析，其遗传一致性变异范围为0.7514~0.4859；披碱草和青紫披碱草的亲缘关系最近。利用遗传一致性进行聚类分析，可分为两类，即：第一类为老芒麦；第二类分为两组，第一组为短芒披碱草、无芒披碱草、垂穗披碱草和黑紫披碱草；第二组为披碱草、青紫披碱草、肥披碱草、麦宾草、圆柱披碱草、紫芒披碱草和毛披碱草。聚类结果与形态分类基本一致。

（8）老芒麦和垂穗披碱草ISSR-PCR反应最优化体系为：25 μL反应体系中，2.5 μL 10×buffer（不含Mg^{2+}），TaqDNA聚合酶1.0 U，Mg^{2+} 2.0mmol/L，模板DNA 30~120 ng，NTPs 0.25mmol/L，引物0.25 μmol/L；最佳扩增程序为：94℃预变性2min，94℃变性1min，51℃退火1min（根据引物而定），72℃延伸1.5min，共41个循环，72℃后延伸10min，扩增完后4℃保存。

12条引物对31份老芒麦和19份垂穗披碱草进行扩增，共检测出111条谱带，有107条多态性谱带，多态性比例达到了96.40%，50份材料总的有效等位基因数Ne为1.552，Nei's基因多样性指数为0.304，Shannon指数为0.459，31份老芒麦的ISSR多态性片段比例为92.79%，有效等位基因数Ne为1.442，Nei's基因多样性指数为0.273，Shannon指数为0.424，19份垂穗披碱草的多态性为84.68%，有效等位基因数Ne、Nei's基因多样性指数和Shannon指数分别为1.433、0.263、0.403，不同老芒麦材料间的遗传差异大于垂穗披碱草。

（9）老芒麦和垂穗披碱草进行ITS多序列比对，发现4个有明显种性变异的位点，分别是100位碱基垂穗披碱草为T，老芒麦为C；195位碱基垂穗披碱草为A，老芒麦为G；438位碱基垂穗披碱草为A，老芒麦为C；547位碱基垂穗披碱草为A，老芒麦为C。

此项研究受到中央级公益性科研院所基本科研业务费专项资金（中国农业科学院草原研究所）资助项目（2008-Z-1）、国家自然科技资源共享平台“牧草植物种质资源标准化整理、整合及共享试点（2005DKA21007）”、中国农业科学院草原研究所草遗传资源与育种创新团队的资助。

虽然笔者在本书撰写过程中认真严谨，但由于水平有限，书中难免有不足之处，敬请读者批评指正！

德　英

2018 年 10 月

目　　录

第一章　披碱草属牧草概述

第一节　披碱草属牧草的重要性及其种类多样性

一、披碱草属牧草的重要性

披碱草属牧草（*Elymus* L.）为禾本科（Gramineae）小麦族（Triticeae）中重要的一个属，遗传和物种多样性较为丰富的类群之一。自20世纪70年代以来，在我国北方温带干旱地区广泛种植，面积逐年扩大。肥披碱草（*Elymus excelsus*）、披碱草（*E. dahuricus*）、老芒麦（*E. sibiricus*）已在东北、华北、西北等地驯化栽培，并成为这些地区建立人工草地的主要牧草。披碱草属牧草适应性强、品质优良、草产量及种子产量高，抗寒耐牧性较强，不少种类是放牧和刈割兼用的野生优良牧草。该属中的许多野生种，均含有抗普通栽培小麦和大麦的一些病虫害和抗逆的基因，如抗大麦黄矮病、抗小麦花叶病、抗大麦锈病等，并且这些基因能通过现代遗传和生物技术的方法从野生种类中转移到栽培小麦和大麦的遗传背景中来。因此，作为丰富麦类作物和牧草遗传多样性的基因资源库，具有重要的经济价值。目前加强牧草种质资源的有效保护和合理利用逐渐得到重视，在我国批准的国家重点保护野生植物名录中禾本科有15种，其中短芒披碱草（*Elymus breviaristatus*）、无芒披碱草（*E. submuticus*）和毛披碱草（*E. villifer*）均属于国家二级保护植物，开展披碱草属牧草种质资源保存和创新对保护珍稀、濒危生物资源，保护生物多样性有着积极的作用和意义。

披碱草属牧草种质资源是披碱草属牧草及近缘作物新品种选育、遗传理论研究、生物技术研究和农业生产的重要物质基础，世界上许多国家十分重视对该属牧草种质资源的广泛收集、交换、研究和开发利用，国内外新选育出的披碱草属牧草新品种在改良和草业生产方面都发挥着重要作用。披碱草属牧草也是人类在研究多倍体物种形成途径和进化机制时比较好的研究材料。

二、披碱草属牧草的分类学研究

自1753年林奈建立披碱草属（*Elymus* L.）以来，其分属界限发生过多次大的变动，不同的分属界限存在很大差异。按照历史上不同分类学家的处理，披碱草属曾经包含了冰草属（*Agropyron*）、猬草属（*Hystrix*）、带芒草属（*Taeniatherum*）、鹅观草属（*Roegneria*）、赖草属（*Leymus*）和偃麦草属（*Elytrigia*）。Nevski将该属处理为只包含20~30个物种的小属，三本较大的欧亚植物志著作——《苏联禾本科》《中国主要植物图说——禾本科》和《欧洲植物志》均一致同意Nevski的处理。不同时期学者对该属形态特征的界定范围存在较大分歧，关于披碱草属的分类系统，目前争议是将鹅观草属、猬草属和披碱草属合并为1个属，即披碱草属（广义），还是将其划分为3个独立的属。Bentham和Nevski等的北美和欧洲的一些学者，特别是Dewey和Löve以染色体组为分类依据，认为形态特征在披碱草属的界定上不太重要，他们不考虑每一穗节的小穗数量而支持广义的披碱草属分类方法，把鹅观草属、猬草属归于披碱草属之中。有不少学者，特别是我国的禾草学家则主张将鹅观草属、猬草属从披碱草属中独立出来，这种分类系统主要依据穗部的形态特征。《中国植物志》记载我国有13个种，包括12个野生种（含1变种）和1个引进种；《中国禾草属志》记载的披碱草属不含鹅观草属、冰草属以及猬草属等，全世界共含有150多个种，其中我国有12种；《中国饲用植物》则认为我国披碱草属牧草有13种，与《中国植物志》相同。按照广义的披碱草属概念，英文版《中国植物志》（*Flora of China*）记载的披碱草属植物约170种，并载入了在中国分布的88种，其中包括《中国植物志》中鹅观草属植物59种，是目前国际上最为通用的概念；而根据狭义的披碱草属概念，我国仅有12个物种。

三、我国野生披碱草属牧草

1. 种类及其分布

披碱草属牧草广泛分布在南、北半球温带地区，在我国主要分布于西南及北方山地。披碱草属内各种间形态差异较大，根据狭义的披碱草属概念，我国有12个野生种（含1变种），种名及其分布如下：

（1）黑紫披碱草［*Elymus atratus*（Nevski）Hand. -Mazz.］，分布于四川、青海、甘肃、新疆维吾尔自治区（全书简称新疆）、西藏自治区（全书简称西藏）等省区，多生于草原上。

（2）短芒披碱草［*Elymus breviaristatus*（Keng）Keng f.］，分布于四川、青海等省，生于山坡上。

（3）圆柱披碱草［*Elymus cylindricus*（Franch.）Handa］，分布于内蒙古自治区（全书简称内蒙古）、河北、四川、青海、新疆等省区，生于草原化草甸、河谷草甸、山坡、林缘草甸、田野和路旁。

（4）披碱草（*Elymus dahuricus* Turcz.），分布于东北、华北、西北各省区，生于河谷草甸、沼泽化草甸、芨芨草盐化草甸。

（5）青紫披碱草（*Elymus dahuricus* Turcz. var. *violeus* C. P. Wang et. H. L. Yang），分布于内蒙古大青山、青海等地，生于山沟、山坡、草地以及沟谷草甸。

（6）肥披碱草（*Elymus excelsus* Turcz.），分布于东北、内蒙古、甘肃、四川、青海、新疆，生于森林草原和草原带的山地草甸和草甸草原中。

（7）垂穗披碱草（*Elymus nutans* Griseb.），分布于内蒙古、河北、宁夏回族自治区（全书简称宁夏）、陕西、甘肃、青海、四川、新疆和西藏等省区，生于河边湿地、沙地、林下、林缘和草甸中。

（8）紫芒披碱草（*Elymus purpuraristatus* C. P. Wang et. H. L. Yang），分布于内蒙古大青山、蛮汗山，生于山沟、山坡草地。

（9）老芒麦（*Elymus sibiricus* L.），分布于东北、华北、甘肃、新疆、青海、西藏南部、华东、西南，生于森林草原的河谷草甸、山地草甸化草原、疏林、灌丛和林间空地。

（10）无芒披碱草［*Elymus submuticus*（Keng）Keng f.］，特产于四川省，生于山坡。

（11）麦賨草［*Elymus tangutorum*（Nevski）Hand. -Mazz.］，分布于内蒙古、山西、甘肃、青海、四川、新疆、西藏等省区，生于山坡、草地。

（12）毛披碱草（*Elymus villifer* C. P. Wang et. H. L. Yang），产内蒙古大青山，生于山地沟谷草甸。

2. 老芒麦和垂穗披碱草种质资源

（1）老芒麦种质资源。

老芒麦（*Elymus sibiricus* L.）是禾本科（Gramineae）小麦族（Triticeae）披碱草属（*Elymus* L.）多年生草本，是该属模式种，别名西伯利亚野麦草、垂穗大麦草、西伯利亚披碱草。老芒麦是北半球温带地区分布较广的一种野生牧草，是欧亚大陆的广布种，是草甸草原和草甸群落中的重要成员之一。

我国最早于20世纪50年代开始在吉林驯化，至20世纪60年代在生产上陆续推广应用。截至2013年，我国通过全国草品种审定委员会审定登记的老芒麦品种有以下8个，分别是川草1号老芒麦、川草2号老芒麦、吉林老芒麦、农牧老芒麦、青牧1号老芒麦、阿坝老芒麦、同德老芒麦以及康巴老芒麦。

老芒麦耐寒耐低温能力强，在-40~-30℃的低温以及海拔4 000m以上的高原地区能安全越冬，在海拔5 200m以上的喜马拉雅山区也有一定的分布；抗旱性较强，在年降水量400~600mm的地区可旱作栽培，但在干旱地区种植则要有灌溉条件。对土壤的适应性较广，在瘠薄、弱酸、微碱或含腐殖质较高的土壤中均生长良好。粗蛋白质含量高、植株无味，适口性好，马、牛、羊均喜食。

（2）垂穗披碱草种质资源。

垂穗披碱草（*Elymus nutans* Griseb.）是禾本科（Gramineae）小麦族（Triticeae）披碱草属（*Elymus* L.）多年生草本，又名弯穗草、钩头草。垂穗披碱草是草甸草原和草甸群落中的重要成分，在海拔2 500~4 000m的青藏高原高寒湿润地区常作为建群种。

垂穗披碱草从20世纪60年代开始在我国西北地区种植，并逐步进行试种、栽培以及研究，截至2009年，我国通过全国草品种审定委员会审定登记的垂穗披碱草品种有甘南垂穗披碱草、康巴垂穗披碱草以及阿坝垂穗披碱草。

垂穗披碱草具有较强的低温生长及抗寒能力，抗旱性强，粗蛋白质含量高、适口性好，能适应各种不同类型的土壤，具有广泛的生长可塑性，在平原、高原、平滩以及山地阳坡、沟谷、半阴坡山麓地带到灌丛草甸和高山草甸均能生长，目前在我国西北高寒、湿润地区栽培居多。开花期前垂穗披碱草质地柔软，无刚毛、刺毛，无异味，牛、马、羊所喜食。

（3）二者差异性。

老芒麦和垂穗披碱草是披碱草属中重要的两种多年生牧草，具有披碱草属牧草的优点，但又各有优势，它们在生产中都主要用于建立人工草地。老芒麦饲用价值较大，粗蛋白质含量比垂穗披碱草高，分蘖能力也高于垂穗披碱草。然而，垂穗披碱草抗旱性高于老芒麦，侵占性强，已成为水土保持，改善生态环境条件必不可少的优良野生牧草，抗寒能力强于老芒麦，对高海拔地区的自然条件适应能力特好，耐牧耐践踏能力也高于老芒麦。

老芒麦和垂穗披碱草是我国常见的两种穗下垂型披碱草属牧草，在形态上较为相似，二者的生态幅都比较宽。在长期适应自然环境的过程中，不同地区以及不同生境材料的遗传特征均会发生变异，尤其是表型性状最容易受环境的影响，从而使得在分类学上鉴定时存在一定的困难。按照传统的分类学方法，对它们的识别和鉴定主要是通过花序的形态、穗轴上小穗的着生数目、颖先端有无具芒以及所具芒的形态来进行的，然而在实际野外调查中，尤其在高海拔地区以及某些特殊的小生境中，两个种在形态上的交叉现象比较严重，将它们准确分类往往较困难，因此常常存在着对老芒麦和垂穗披碱草错误鉴定的现象。

第二节　我国野生披碱草属牧草种质资源的搜集

披碱草属牧草种质资源是重要的禾本科小麦族牧草，具有重要的饲用与生态价值，我国野生披碱草属牧草种质资源相当丰富，然而对它们尚未充分搜集、保存和评价利用。在 2006 年时，以入国家长期库保存为例，入库 10 个种，保存份数才有 173 份，其中老芒麦最多，有 92 份，其次为披碱草 32 份、圆柱披碱草 16 份、垂穗披碱草 13 份、麦蕒草 10 份，其他种只有几份；入国家牧草中期库保存的披碱草属牧草种类数还不如国家长期库多。

因此，2006—2008 年期间，在国家自然科技资源共享平台“牧草植物种质资源标准化整理、整合及共享试点（2005DKA21007）”项目的资助下，项目组人员分别对新疆、四川、青海、内蒙古、东北等地区的披碱草属牧草种质资通过路线式及点、线、面相结合的方式进行考察和采集，共采集到 211 份披碱草属牧草种质资源，基本涵盖了披碱草属牧草种质资源的分布地区。

经植物分类学鉴定，隶属于《中国植物志》中记载的 12 种，详见表 1；名录见附表 1-12。其中，黑紫披碱草 3 份，短芒披碱草 4 份，圆柱披碱草 18 份，披碱草 34 份，青紫披碱草 2 份，肥披碱草 19 份，垂穗披碱草 51 份，紫芒披碱草 1 份，老芒麦 66 份，无芒披碱草 1 份，麦蕒草 10 份，毛披碱草 2 份。

表 1　我国野生披碱草属牧草种质资源的采集情况

中名	学名	采集情况	采集地区	采集种子（份数）	资料来源
黑紫披碱草	*Elymus atratus*	已采到	新疆、青海	3	中国植物志
短芒披碱草	*E. breviaristatus*	已采到	青海、四川	4	中国植物志
圆柱披碱草	*E. cylindricus*	已采到	青海、甘肃、四川、内蒙古、新疆	18	中国植物志
披碱草	*E. dahuricus*	已采到	新疆、青海、河北、内蒙古、山西	34	中国植物志
青紫披碱草	*E. dahuricus var. violeus*	已采到	四川、内蒙古	2	中国植物志
肥披碱草	*E. excelsus*	已采到	黑龙江、内蒙古、吉林	19	中国植物志
垂穗披碱草	*E. nutans*	已采到	四川、青海、内蒙古、新疆、甘肃、西藏	51	中国植物志
紫芒披碱草	*E. purpuraristatus*	已采到	内蒙古	1	中国植物志

（续表）

中名	学名	采集情况	采集地区	采集种子（份数）	资料来源
老芒麦	*E. sibiricus*	已采到	内蒙古、新疆、青海、四川、黑龙江、吉林、陕西、山西、河北	66	中国植物志
无芒披碱草	*E. submuticus*	已采到	四川	1	中国植物志
麦蕒草	*E. tangutorum*	已采到	内蒙古、青海、四川	10	中国植物志
毛披碱草	*E. villifer*	已采到	内蒙古	2	中国植物志
合计				211	

第二章　披碱草属牧草表型多样性研究

第一节　披碱草属牧草居群穗部多样性研究

长期以来，种质资源的分类、鉴定及育种材料的选择通常都是依据表型性状来进行的，其中穗部性状的变异是禾本科物种形态多样性的主要表型性状（表2）。

表 2　穗部性状观测项目和标准

编号	性状	观测标准
1	旗叶至穗基部长	测量穗基部到旗叶基部的长度，(cm)
2	穗下第一节间长	测量穗基部向下第一茎节的长度，(cm)
3	穗长	测量植株中部穗的长度，(cm)
4	穗宽	测量植株中部穗的宽度，(mm)
5	小穗长	测量穗轴中部小穗的长度，(cm)
6	小穗宽	测量穗轴中部小穗的宽度，(mm)
7	小穗数	测量穗轴上着生的小穗总数（枚）
8	小花数	测量穗轴上着生的小花总数（枚/小穗）
9	颖长	测量穗轴中部小穗第一颖的长度，(mm)
10	颖宽	测量穗轴中部小穗第一颖的宽度，(mm)
11	颖芒长	测量穗轴中部小穗第一颖芒的绝对长度，(mm)
12	外稃长	测量穗轴中部小穗第一外稃的长度，(mm)
13	内稃长	测量穗轴中部小穗第一内稃的长度，(mm)
14	外稃芒长	测量穗轴中部小穗第一外稃芒的长度，(mm)

本研究在中国农业科学院草原研究所沙尔沁试验场进行，位于东经111°34′39″~111°47′06″，北纬 40°34′39″~40°35′41″，海拔 1 055m，年平均气温 5. 6℃，夏季最高温度可达 37. 3℃，冬季最低温度为-32. 8℃，≥10℃的年活动积温在 2 700℃，年降水量

约为425mm，主要集中在7月、8月、9月，无霜期约130天，干旱、多风多沙、寒冷是当地所属的半干旱大陆性气候主要特点，试验地土壤贫瘠，有机质含量较低，平均含量仅为0.6%左右，氮、磷含量较低，钾含量适中，土壤质地属于沙质脱潜育土，盐碱化程度较高，适宜抗性较好的牧草生长。

一、材料与方法

1. 材料

供试材料单位编号见表3，详细信息见附表1至附表12，共计105份材料。为了保证供试材料在整个生长期生境一致性，试验材料统一种植于同一水肥条件下。

2. 观测项目和方法

对这些材料的14项穗部性状指标进行了多样性分析。穗部性状的观测项目及观测标准根据《老芒麦种质资源描述规范和数据标准》和《披碱草属牧草种质资源描述规范和数据标准》进行。详见表2。

3. 数据处理

试验数据采用Excel和SPSS11.5软件进行数据统计、主成分分析及多样性指数计算。

多样性指数利用Shannon-Weaver遗传多样性指数（Shannon-Weaver diversity index）衡量居群内和居群总遗传多样性。具体方法如下：根据居群内及居群总的每个穗部指标的平均值（X）和标准差（σ），将数据划分为10级，从第1级[$X_i < (X-2\sigma)$]到第10级[$X_i > (X+2\sigma)$]，每0.5σ为一级，计算每一级的相对频率p_i（即某一性状第i级别内材料份数占总份数的比例），然后计算各个形态指标在每个居群中的遗传多样性指数以及各个形态性状总遗传多样性指数，计算公式为：$H' = -\Sigma p_i \ln p_i$，ln为自然对数。表型分化系数是居群间遗传多样性指数占总遗传多样性指数的比率，计算公式为：表型分化系数=HS/HT×100%，HS为居群遗传多样性指数，HT为总遗传多样性指数。

二、居群多样性分析

1. 居群多样性分析

105个居群内的多样性指数各不相同，详见表3。多样性指数位于前3位的居群为ES010（1.652）、ES027（1.641）、EN021（1.619）；多样性指数居后3位的居群为ET003（0.784）、EC003（0.985）、EC001（1.013）。总体分析发现，老芒麦和垂穗披碱草居群的穗部多样性指数多数较高，麦蕒草和圆柱披碱草居群的穗部多样性指数多数较低。由表 5 可知，105 个居群内平均 H′为 1.396，居群总 H′为 1.936，则居群间 H′为 0.540，说明我国野生披碱草属牧草居群的遗传多样性主要集中在居群内部（72.11%），居群间的遗传变异较小（27.89%）。

表 3　供试材料单位编号及多样性指数

种质名称	单位编号	多样性指数	种质名称	单位编号	多样性指数	种质名称	单位编号	多样性指数
紫黑披碱草	EA001	1.426	肥披碱草	EE004	1.362	老芒麦	ES001	1.528
黑紫披碱草	EA002	1.369	肥披碱草	EE007	1.497	老芒麦	ES003	1.529
黑紫披碱草	EA003	1.443	肥披碱草	EE008	1.411	老芒麦	ES005	1.415
平均		1.413*	肥披碱草	EE009	1.508	老芒麦	ES006	1.492
短芒披碱草	EB001	1.379	肥披碱草	EE011	1.37	老芒麦	ES007	1.459
短芒披碱草	EB002	1.396	肥披碱草	EE012	1.455	老芒麦	ES008	1.594
短芒披碱草	EB003	1.309	平均		1.434*	老芒麦	ES009	1.446
短芒披碱草	EB004	1.396	垂穗披碱草	EN002	1.475	老芒麦	ES010	1.652
平均		1.370*	垂穗披碱草	EN005	1.485	老芒麦	ES012	1.504
圆柱披碱草	EC001	1.013	垂穗披碱草	EN007	1.438	老芒麦	ES014	1.568
圆柱披碱草	EC002	1.224	垂穗披碱草	EN009	1.333	老芒麦	ES015	1.574
圆柱披碱草	EC003	0.985	垂穗披碱草	EN011	1.224	老芒麦	ES016	1.484
圆柱披碱草	EC004	1.165	垂穗披碱草	EN012	1.355	老芒麦	ES017	1.402
圆柱披碱草	EC005	1.408	垂穗披碱草	EN013	1.019	老芒麦	ES018	1.549
圆柱披碱草	EC006	1.432	垂穗披碱草	EN020	1.535	老芒麦	ES020	1.471
圆柱披碱草	EC007	1.358	垂穗披碱草	EN021	1.619	老芒麦	ES021	1.523
平均		1.226*	垂穗披碱草	EN022	1.369	老芒麦	ES022	1.525
披碱草	ED001	1.271	垂穗披碱草	EN023	1.549	老芒麦	ES023	1.532
披碱草	ED002	1.436	垂穗披碱草	EN024	1.565	老芒麦	ES025	1.432
披碱草	ED003	1.311	垂穗披碱草	EN025	1.554	老芒麦	ES026	1.544
披碱草	ED004	1.473	垂穗披碱草	EN026	1.367	老芒麦	ES027	1.641
披碱草	ED005	1.549	垂穗披碱草	EN027	1.518	老芒麦	ES028	1.052
披碱草	ED006	1.534	垂穗披碱草	EN028	1.535	老芒麦	ES029	1.465
披碱草	ED007	1.476	垂穗披碱草	EN029	1.488	老芒麦	ES034	1.388
披碱草	ED008	1.287	垂穗披碱草	EN030	1.285	平均		1.490*

（续表）

种质名称	单位编号	多样性指数	种质名称	单位编号	多样性指数	种质名称	单位编号	多样性指数
披碱草	ED009	1.578	垂穗披碱草	EN031	1.496	无芒披碱草	ESUB001	1.340*
披碱草	ED010	1.411	垂穗披碱草	EN032	1.562	麦蕒草	ET001	1.512
披碱草	ED011	1.353	垂穗披碱草	EN033	1.368	麦蕒草	ET002	1.422
披碱草	ED012	1.397	垂穗披碱草	EN034	1.223	麦蕒草	ET003	0.784
披碱草	ED013	1.383	垂穗披碱草	EN035	1.281	麦蕒草	ET004	1.1
披碱草	ED014	1.36	垂穗披碱草	EN036	1.373	麦蕒草	ET005	1.368
披碱草	ED015	1.391	垂穗披碱草	EN037	1.521	麦蕒草	ET006	1.178
披碱草	ED016	1.516	垂穗披碱草	EN038	1.499	麦蕒草	ET007	1.105
披碱草	ED017	1.385	垂穗披碱草	EN039	1.421	麦蕒草	ET008	1.069
披碱草	ED019	1.339	垂穗披碱草	EN040	1.386	麦蕒草	ET009	1.06
平均		1.414*	垂穗披碱草	EN041	1.442	麦蕒草	ET010	1.425
青紫披碱草	EDV001	1.126*	平均		1.425*	平均		1.202*
			紫芒披碱草	EP001	1.268*	毛披碱草	EV001	1.419*

2. 分布格局分析

105份野生披碱草属牧草分别来源于12个不同省（区），此12个区域披碱草属牧草的遗传多样性进行分析，结果见表4。居群总多样性指数排在前5位的省（区）与表型分化系数排在前5位的省（区）一致，充分说明了披碱草属牧草多样性和分布格局是相关的，我国西北部是野生披碱草属牧草的分布中心，也是披碱草属牧草的遗传多样性中心。

表4　12个省（区）野生披碱草属牧草居群遗传多样性指数

分布区	居群总平均多样性指数	居群内平均多样性指数	居群间平均多样性指数	表型分化系数（%）
黑龙江	1.667	1.427	0.240	14.40
吉林	1.854	1.468	0.386	20.82
内蒙古	1.903	1.407	0.496	26.06
北京	1.697	1.387	0.310	18.27
河北	1.765	1.559	0.206	11.67

（续表）

分布区	居群总平均多样性指数	居群内平均多样性指数	居群间平均多样性指数	表型分化系数（%）
山西	1.639	1.452	0.187	11.41
陕西	—	1.532	—	—
四川	1.885	1.354	0.531	28.17
青海	1.883	1.335	0.548	29.10
甘肃	1.860	1.386	0.474	25.48
新疆	1.928	1.461	0.467	24.22
西藏	—	1.619	—	—

三、穗部性状分析

1. 变异系数和多样性分析

穗部性状统计结果见表5，居群总的平均数、标准差、最小值、最大值、极差、变异系数进行统计，平均变异系数为31.22%，变异系数由大到小的顺序依次为颖芒长>旗叶与穗基部长度>颖长>穗下第一节间长>颖宽>外稃芒长>穗宽>小穗数>小花数>小穗宽>穗长>小穗长>外稃长>内稃长，其中，最大的颖芒长的变异系数为58.932%，其次为旗叶与穗基部长度的变异系数为56.683%，最小的外稃长为14.908%。居群内多样性指数最高的为旗叶与穗基部长（1.648）、其次是小穗数（1.638），最低的为小花数（0.671）；居群总多样性指数最高的为小穗长（2.054），其次是穗长（2.049），最低的为小花数（1.404）。

从以上结果可见，穗部性状在上述3个方面并不是完全一致，居群内多样性指数高并不代表居群总多样性指数高，也并不代表变异系数高，充分说明了穗部性状指标存在较大的变异，F-检验差异极显著，详见表6。

表5　穗部性状的变异和多样性指数

性状编号	平均数	标准差	最小值	最大值	极差	变异系数（%）	居群总多样性指数	居群内多样性指数
1	15.188	8.609	0.300	45.000	44.700	56.683	2.047	1.648
2	1.777	0.692	0.450	5.950	5.500	38.916	1.923	1.603
3	17.827	3.780	7.100	34.500	27.400	21.203	2.049	1.620

（续表）

性状编号	平均数	标准差	最小值	最大值	极差	变异系数（%）	居群总多样性指数	居群内多样性指数
4	5. 291	1. 379	2. 800	12. 000	9. 200	26. 071	1. 993	1. 582
5	2. 379	0. 431	1. 250	4. 090	2. 840	18. 123	2. 054	1. 472
6	2. 666	0. 606	1. 500	5. 700	4. 200	22. 724	1. 933	1. 253
7	50. 068	12. 848	20	96	76	25. 661	2. 022	1. 638
8	4. 0339	1. 006	2	7	5	24. 928	1. 404	0. 671
9	6. 965	3. 195	2. 000	16. 000	14. 000	45. 871	1. 837	1. 341
10	0. 995	0. 377	0. 500	2. 100	1. 600	37. 842	1. 944	1. 307
11	2. 586	1. 524	0. 200	9. 000	8. 800	58. 932	1. 944	1. 229
12	9. 776	1. 457	6. 500	17. 500	11. 000	14. 908	1. 993	1. 373
13	9. 108	1. 185	6. 000	14. 000	8. 000	13. 007	1. 941	1. 274
14	12. 238	3. 946	1. 200	28. 500	27. 300	32. 243	2. 016	1. 533
						31. 22 ***	1. 936 **	1. 396 *

注：* 指居群内平均多样性指数；** 指居群总多样性指数；*** 指平均变异系数。

表 6　单因素方差分析 F-检验

性状编号	1	2	3	4	5	6	7	8	9	10	11	12	13	14
F	14. 328	12. 993	22. 668	19. 348	11. 823	9. 683	22. 445	15. 362	37. 698	19. 934	32. 581	21. 404	14. 524	6. 519
P 值	0. 00 **	0. 00 **	0. 00 **	0. 00 **	0. 00 **	0. 00 **	0. 00 **	0. 00 **	0. 00 **	0. 00 **	0. 00 **	0. 00 **	0. 00 **	0. 00 **

注：** 表示 0. 01 水平差异极显著。

2. 主成分分析

穗部性状进行主成分分析结果见表 7。

表 7　披碱草属牧草 105 个居群 14 项穗部性状的主成分分析

性状编号	第 1 主成分	第 2 主成分	第 3 主成分	第 4 主成分	第 5 主成分	第 6 主成分
1	-0. 079	0. 768	-0. 023	0. 175	0. 21	0. 027
2	0. 525	0. 427	0. 485	0. 056	-0. 425	0. 179
3	0. 835	0. 006	0. 147	0. 008	-0. 309	0. 226
4	0. 802	-0. 069	-0. 114	0. 313	-0. 041	-0. 163

（续表）

性状编号	第1主成分	第2主成分	第3主成分	第4主成分	第5主成分	第6主成分
5	0.679	-0.126	0.387	-0.454	0.247	0.002
6	0.278	-0.158	0.309	0.687	0.429	0.336
7	0.338	0.705	-0.247	0.118	-0.102	-0.043
8	0.602	0.05	0.451	0.312	0.034	-0.435
9	0.303	0.884	-0.102	-0.092	0.074	0
10	0.083	0.844	-0.211	-0.197	0.189	0.11
11	0.743	-0.07	-0.401	0.063	0.093	-0.289
12	0.742	-0.204	-0.484	-0.058	0	0.152
13	0.640	-0.484	-0.471	0.037	0.004	0.175
14	0.620	-0.123	0.293	-0.592	0.238	0.02
特征值	4.631	3.107	1.538	1.328	0.685	0.564
贡献率	33.081	22.191	10.985	9.488	4.894	4.026
累计贡献率	33.081	55.271	66.256	75.744	80.638	84.665

在14个主成分中前6个主成分的累积基本上达到85%；其中，前4个主成分的特征根值大于1，累计贡献率为75.744%，因此，这4个主成分足以代表原始因子所代表的大部分信息。第1主成分对它作用大的性状主要包括穗长（0.835）、穗宽（0.802）、颖芒长（0.743）、外稃长（0.742）、内稃长（0.640）、外稃芒长（0.620）、小花数（0.602）的影响，全部为正向标，主要反映了与牧草种子产量密切相关的指标特征；对第2主成分作用大的性状包括颖长（0.884）、颖宽（0.844），全部为正向标，主要反映了常用牧草种子千粒重相关的指标特征；对第3主成分作用大的性状主要包括穗下第一节间长（0.485）、外稃长（-0.484），穗下第一节间长为正向标，外稃长为负向标，说明二者是不同的分化特征；第4主成分主要受小穗宽（0.687）、外稃芒长（-0.592）作用，小穗宽为正向标，外稃芒长为负向标，说明披碱草属牧草不受这二性状的共同分化，二者呈现负向变化。

第二节　老芒麦和垂穗披碱草形态学多样性研究

一、材料与方法

1. 供试材料

供试材料名录见附表9单位编号ES001-ES031，老芒麦种质资源31份；附表7单位编号EN001-EN019，垂穗披碱草种质资源19份。

2. 观测项目和方法

形态学性状的观测项目及观测标准依据同第一节，详见表8。

表8　表型性状观测项目和标准

编号	性状	观测标准
1	株高	测量从地面到植物最高处的绝对高度（芒除外），(cm)
2	茎被白粉	植物体上是否有白粉，0=无，1=有
3	旗叶长	测量旗叶基部到旗叶尖的长度，(cm)
4	旗叶宽	测量旗叶基部到旗叶尖的宽度，(mm)
5	倒2叶片长	按植株从下向上的叶序，测量第2个叶片叶基部到叶尖的绝对长度，(cm)
6	倒2叶片宽	按植株从下向上的叶序，测量第2个叶片叶基部到叶尖的绝对宽度，(mm)
7	叶片颜色	植株中部叶片正面的颜色，1=黄绿，2=灰绿，3=绿，4=深绿，5=紫色
8	旗叶至穗基部长	测量穗基部到旗叶基部的长度，(cm)
9	穗下第一节间长	测量穗基部向下第一茎节的长度，(cm)
10	穗颜色	花序中部小穗的颜色，1=黄绿，2=灰绿，3=绿，4=深绿，5=紫色
11	穗长	测量植株中部穗的长度，(cm)
12	穗宽	测量植株中部穗的宽度，(mm)
13	穗轴第一节间长	测量穗基部向上的第一穗轴的长度，(cm)
14	外稃芒长	测量穗中部小穗第一外稃芒的绝对长度，(mm)
15	外稃长	测量穗中部小穗第一外稃的长度，(mm)
16	内稃长	测量穗中部小穗第一内稃的长度，(mm)
17	第一颖长	测量穗中部小穗第一颖的长度，(mm)
18	第一颖宽	测量穗中部小穗第一颖的宽度，(mm)
19	第一颖芒长	测量穗中部小穗第一外颖芒的绝对长度，(mm)

（续表）

编号	性状	观测标准
20	小穗数	每穗轴着生的小穗数（枚/穗轴）
21	小花数	穗中部小穗所含的小花数（枚/小穗）
22	种子长	测量种子的长度（包括种皮，不包括芒长），（mm）
23	种子宽	测量种子的宽度（包括种皮），（mm）
24	种子千粒重	1 000 粒成熟且正常风干纯净种子的重量，（g）

运用 Excel2003、SPSS 11.0 对供试材料的各个表型性状进行数据统计、方差分析、相关分析、主成分分析和聚类分析。

二、形态学多样性分析

1. 形态学性状基本统计

供试材料 24 个形态学性状基本统计数据见表 9。

老芒麦形态学性状的平均数、最大值、最小值、极差、标准差、变异系数详见表 10，结果表明，24 个形态学性状指标中，旗叶至穗基部长平均值为 9.36cm，最长的是 ES031，为 24.20cm，最短的是 ES028，仅为 1.08cm，变异系数范围是 8.56%~54.87%，其中变异系数最大的为旗叶至穗基部长，CV 值高达 54.87%；变异系数较小的是种子宽、倒 2 叶片宽和内稃长，CV 值分别为 8.56%、8.56%、9.25%，；说明这 3 个性状在适应不同生境生长时具有较为稳定的遗传特性。

由表 11 可知，垂穗披碱草的变异系数范围为 4.87%~27.35%，变异系数最大的为第一颖长，CV 值为 26.35%，其次是种子千粒重、穗颜色、穗轴第一节间长、穗下第一节间长以及旗叶至穗基部长；变异系数最小的为株高，CV 值为 4.87%，其次为种子宽和内稃长。

通过对老芒麦和垂穗披碱草的 24 个形态学性状分析发现，不同材料间形态学性状具有广泛的变异，体现了丰富的表型多样性，本研究结果表明，老芒麦的平均变异系数为 17.96%，高于垂穗披碱草的 15.03%，而所有供试材料的平均变异系数为 16.85%；旗叶至穗基部长、穗下第一节间长、第一颖长是老芒麦的主要变异性状，第一颖长、种子千粒重、穗下第一节间长以及穗颜色是垂穗披碱草的主要变异性状，说明材料间株型之间有一定的差异；倒 2 叶片宽和种子宽是老芒麦稳定的遗传特性，株高和种子宽则是垂穗披碱草稳定的遗传特性，所有材料的种子宽受环境的影响较小，一定程度上与其生态适应性有关。

表9　供试材料表型性状观测原始数据表

性状编号 / 单位编号	1	2	3	4	5	6	7	8	9	10	11	12	13	14	15	16	17	18	19	20	21	22	23	24
ES001	109.25	1.10	11.66	7.51	17.46	7.99	2.50	11.05	13.07	1.70	18.82	7.83	1.58	11.45	10.86	11.70	5.13	0.71	5.34	36.60	4.70	10.99	1.59	3.12
ES002	92.72	1.00	10.92	5.05	17.90	6.48	2.40	13.82	24.26	1.40	18.70	6.74	1.37	11.94	11.65	12.29	3.77	0.80	3.50	41.90	4.30	10.74	1.39	3.91
ES003	107.67	1.43	13.54	8.77	17.92	8.77	2.86	15.25	18.32	2.14	19.61	7.24	1.58	9.69	9.84	9.61	4.01	0.81	4.06	47.43	5.14	10.25	1.49	3.50
ES004	75.82	1.10	11.81	9.78	19.00	9.02	3.30	2.19	5.96	2.40	17.56	6.47	1.79	11.95	9.82	8.80	4.65	0.83	4.31	51.10	4.70	9.71	1.32	2.95
ES005	83.53	2.00	15.03	9.13	22.82	8.44	3.40	2.06	9.01	2.00	19.52	5.70	1.60	10.90	10.30	8.92	5.62	0.58	4.48	40.80	4.70	10.43	1.28	2.80
ES006	92.00	1.70	14.67	11.5	19.73	8.96	1.50	8.63	10.81	1.80	20.91	6.02	1.94	21.49	11.23	10.57	4.27	0.74	2.55	34.60	4.30	9.51	1.52	3.47
ES007	82.96	2.00	16.16	9.23	21.07	8.88	2.20	6.90	12.11	1.80	21.60	5.37	1.78	10.45	10.42	9.73	4.82	0.79	3.53	40.80	4.20	10.56	1.90	3.49
ES008	92.65	2.00	12.90	9.58	19.22	8.73	3.40	7.24	12.88	1.80	19.72	5.60	1.63	14.63	14.56	10.86	10.01	0.82	3.96	49.60	4.40	10.11	1.51	2.74
ES009	94.46	1.00	10.68	8.03	18.81	8.41	3.20	6.82	12.04	2.30	17.59	5.82	1.16	12.35	11.94	10.59	5.46	0.82	3.73	41.10	4.00	10.92	1.55	2.53
ES010	99.70	2.00	13.51	8.55	21.86	7.71	3.00	10.76	11.18	1.10	20.41	6.09	1.31	11.72	10.54	10.08	4.60	0.79	3.66	43.90	4.20	8.91	1.51	2.97
ES011	95.86	2.00	14.07	9.34	18.42	8.56	2.70	10.54	13.11	1.80	17.68	5.48	1.40	14.84	10.57	11.00	6.05	0.79	4.16	44.30	4.40	9.71	1.41	3.12
ES012	85.77	1.50	11.61	8.64	18.42	8.95	2.60	8.89	12.87	1.50	18.27	4.90	1.31	13.91	11.38	10.08	5.91	0.99	4.11	43.90	4.30	9.68	1.54	2.61
ES013	78.41	2.00	13.08	9.60	20.60	7.91	1.80	4.59	9.45	1.70	17.60	5.55	1.44	21.15	9.65	9.01	4.02	0.75	3.54	41.50	4.50	10.36	1.52	2.82
ES014	104.52	1.80	10.65	7.36	20.23	7.84	1.90	8.07	12.57	1.20	19.82	5.92	1.36	9.66	9.13	9.04	4.61	0.72	3.17	54.20	4.50	7.47	1.17	2.05
ES015	102.00	2.00	11.43	6.87	20.93	6.80	4.00	9.13	17.12	2.10	19.69	4.81	1.17	12.90	9.82	9.88	4.62	0.87	3.85	40.70	4.20	8.89	1.44	3.93
ES016	111.16	1.40	9.29	7.27	20.25	7.85	1.90	15.00	14.99	1.40	13.95	6.35	1.38	11.24	10.62	9.40	5.61	0.91	2.83	44.80	3.80	9.24	1.49	3.57
ES017	77.39	2.00	10.17	6.40	19.64	8.10	4.50	5.76	8.96	1.75	18.13	3.96	1.59	12.91	8.55	9.01	4.35	0.51	4.14	36.40	3.50	8.70	1.43	3.20
ES018	76.65	2.00	11.26	7.21	19.83	6.91	3.60	6.70	9.63	1.40	17.42	5.00	1.43	11.64	10.93	10.01	4.74	0.84	3.87	52.90	4.10	8.29	1.39	2.34

（续表）

单位编号 \ 性状编号	1	2	3	4	5	6	7	8	9	10	11	12	13	14	15	16	17	18	19	20	21	22	23	24
ES019	80.58	1.00	13.53	8.89	19.80	8.16	3.70	9.46	9.98	1.90	18.91	4.90	2.05	11.40	13.21	11.19	7.40	0.86	4.03	43.90	3.70	9.23	1.48	3.16
ES020	92.30	1.80	10.53	7.20	21.15	8.48	2.20	19.25	15.62	1.00	15.50	6.71	1.96	12.33	8.81	8.51	4.56	0.91	3.48	46.60	3.90	9.37	1.54	3.99
ES021	97.43	1.80	12.36	7.65	22.54	7.86	2.20	10.52	13.36	2.00	18.74	5.69	1.77	14.60	11.20	10.51	5.68	0.86	4.44	56.00	3.80	10.99	1.35	3.50
ES022	92.20	2.00	11.02	6.89	22.41	7.88	3.60	5.10	13.49	2.00	18.75	5.12	1.77	11.61	8.60	8.60	4.40	0.67	3.70	36.70	3.70	8.80	1.45	3.41
ES023	80.95	2.00	11.17	8.06	16.97	7.52	1.00	2.89	10.98	1.50	18.60	5.16	1.47	11.42	9.45	9.80	4.81	0.72	4.94	40.80	4.10	10.71	1.45	2.47
ES024	97.16	1.90	16.44	7.46	22.44	6.93	2.80	7.96	13.69	2.00	21.21	5.77	1.45	14.12	12.06	11.13	5.98	1.00	4.00	40.90	3.80	9.49	1.36	2.43
ES025	102.67	2.00	12.50	8.15	20.93	7.89	3.90	10.37	18.07	2.10	20.37	5.54	1.41	14.12	10.65	9.94	5.22	0.77	3.64	49.90	4.10	9.12	1.40	2.53
ES026	99.45	1.30	11.62	8.43	17.95	8.32	3.80	7.68	13.62	2.00	18.37	5.57	1.55	11.78	11.48	9.74	6.39	0.97	3.21	45.90	4.10	9.61	1.52	3.72
ES027	94.08	1.80	12.81	9.90	23.80	7.68	3.80	7.40	9.93	2.40	17.57	6.70	1.86	12.96	11.68	11.06	6.12	0.94	3.55	47.90	4.00	8.35	1.47	4.11
ES028	74.54	2.00	11.64	7.13	17.93	6.73	1.50	1.08	9.98	2.00	19.60	7.13	1.79	13.00	11.38	10.63	6.50	0.68	6.50	49.00	5.00	8.88	1.54	3.75
ES029	91.60	1.00	19.15	8.82	23.42	7.87	1.80	15.21	11.57	1.80	25.57	6.04	2.40	23.32	11.82	10.02	6.48	0.93	4.66	45.40	4.10	8.19	1.34	2.63
ES030	80.09	2.00	16.04	8.59	17.64	8.11	3.90	15.71	10.74	2.00	21.49	6.81	2.12	13.55	13.29	10.04	4.48	0.84	3.34	48.00	4.40	10.53	1.55	2.60
ES031	78.99	1.00	7.95	6.88	13.01	8.05	3.10	24.20	11.77	1.20	14.33	6.45	2.06	14.84	11.53	10.99	5.15	0.79	3.88	22.10	4.00	8.79	1.34	2.81
EN001	100.44	1.20	14.05	8.94	18.13	9.77	1.80	18.22	19.24	1.30	18.77	7.24	0.98	12.85	10.79	10.49	4.92	0.94	3.77	50.40	3.30	9.57	1.41	3.10
EN002	102.58	1.28	14.55	10.4	21.30	9.39	1.78	15.48	20.84	2.00	20.56	6.58	1.22	13.46	11.78	10.51	4.52	1.09	3.54	54.00	3.00	9.10	1.49	3.32
EN003	107.70	1.30	12.17	7.72	21.62	6.36	2.70	8.19	13.94	1.80	20.64	6.85	1.16	10.41	10.51	9.79	4.87	0.66	3.21	44.80	3.40	8.79	1.74	4.02
EN004	106.25	1.25	13.56	8.80	18.88	7.88	1.75	13.93	16.53	1.75	16.80	9.10	1.03	11.54	11.18	10.63	4.88	0.78	3.79	54.00	3.50	8.53	1.41	3.17

（续表）

单位编号 \ 性状编号	1	2	3	4	5	6	7	8	9	10	11	12	13	14	15	16	17	18	19	20	21	22	23	24
EN005	107.38	1.70	12.18	8.83	18.37	8.80	2.40	14.86	18.86	2.20	18.73	7.35	1.42	11.31	10.54	9.54	4.56	0.81	3.74	56.00	3.70	8.91	1.53	2.32
EN006	111.72	1.80	12.05	5.91	18.95	6.60	1.80	10.70	14.92	1.50	18.78	7.67	1.15	10.48	9.72	9.65	4.07	0.79	3.79	60.00	2.90	8.03	1.29	3.14
EN007	103.33	1.20	15.21	6.57	21.73	6.27	2.30	10.39	13.38	1.90	21.43	7.06	1.36	11.43	10.99	10.17	5.43	0.89	3.37	53.80	3.60	8.23	1.38	1.35
EN008	101.70	1.67	12.91	6.05	18.97	6.13	2.67	17.18	18.33	1.67	18.62	7.77	1.51	12.48	10.81	9.96	4.60	0.69	3.50	43.00	3.33	9.38	1.50	3.85
EN009	109.90	2.00	12.93	7.09	19.19	7.16	1.50	11.31	16.05	1.38	19.43	6.88	1.32	10.34	9.78	9.88	4.85	0.55	4.44	45.75	3.63	9.74	1.21	2.62
EN010	102.49	2.00	13.04	7.65	18.99	7.00	1.20	7.74	13.63	1.10	17.45	8.75	1.00	11.76	11.16	10.64	4.23	0.76	3.11	62.40	3.50	9.51	1.57	4.71
EN011	90.10	2.00	11.77	7.38	20.72	7.83	2.60	10.76	14.77	1.10	20.52	6.90	1.22	10.24	9.95	9.21	4.76	0.69	3.74	54.10	3.50	9.61	1.58	2.74
EN012	98.26	1.30	12.84	7.52	22.98	7.30	2.10	17.55	16.34	1.20	14.80	7.37	1.57	11.23	10.57	9.46	5.67	0.93	2.85	38.20	3.70	10.74	1.66	4.55
EN013	102.50	1.00	15.29	8.36	21.79	7.25	2.40	12.09	13.36	1.80	20.21	7.23	1.53	14.81	12.43	11.22	4.93	0.73	4.61	48.00	3.70	8.54	1.47	1.33
EN014	98.10	1.30	13.74	9.93	24.24	9.34	3.40	13.36	14.72	2.00	22.38	7.47	1.97	13.60	12.43	10.66	4.29	0.81	3.28	56.70	3.80	10.75	1.65	2.75
EN015	84.60	1.80	11.42	7.68	22.94	7.49	1.80	14.52	12.73	1.50	15.78	6.85	1.84	10.64	11.00	11.01	7.18	0.72	2.58	46.60	4.20	10.63	1.53	3.39
EN016	93.32	1.30	10.90	7.51	19.46	7.66	1.80	16.53	15.79	1.10	16.04	6.79	2.18	14.32	9.03	7.76	4.93	0.85	2.76	42.40	4.30	10.29	1.60	3.56
EN017	106.39	2.00	12.86	8.93	19.03	8.75	1.20	12.11	15.74	1.00	17.17	7.32	1.34	9.47	9.49	8.74	3.93	0.65	2.17	43.50	2.30	8.79	1.53	3.15
EN018	107.69	1.70	13.05	9.38	19.46	10.10	1.80	14.29	17.59	1.30	20.27	8.85	1.50	9.32	10.25	9.54	4.95	0.83	2.65	45.70	3.80	10.42	1.53	4.08
EN019	107.85	2.00	12.94	6.33	17.78	6.50	1.70	14.24	16.33	1.60	18.95	7.72	1.38	8.43	9.06	8.58	3.36	0.79	2.34	48.90	3.20	9.07	1.59	4.44

表 10　老芒麦形态学性状基本统计数据表

性状编号	平均值	最大值	最小值	极差	标准差	变异系数
1	91.76	112.72	74.54	38.18	11.35	12.36
2	1.67	2.00	1.00	1.00	0.40	14.11
3	12.55	19.15	7.95	11.20	2.33	18.54
4	8.19	11.45	5.05	6.40	1.28	15.64
5	19.81	23.80	13.01	10.79	2.27	11.47
6	7.99	9.02	6.48	2.54	0.68	8.56
7	2.84	4.50	1.00	3.50	0.89	21.27
8	9.36	24.20	1.08	23.12	5.14	54.87
9	12.62	24.26	5.96	18.30	3.47	27.51
10	1.78	2.40	1.00	1.40	0.37	20.70
11	18.90	25.57	13.95	11.62	2.20	11.63
12	5.89	7.83	3.96	3.87	0.83	14.11
13	1.63	2.40	1.16	1.24	0.30	18.27
14	13.35	23.32	9.66	13.66	3.22	24.09
15	10.87	14.56	8.55	6.01	1.37	12.64
16	10.09	12.29	8.51	3.78	0.93	9.25
17	5.34	10.01	3.77	6.24	1.23	23.04
18	0.81	1.00	0.51	0.49	0.11	13.83
19	3.94	6.50	2.55	3.95	0.75	18.92
20	43.86	56.00	22.10	33.90	6.65	15.17
21	4.21	5.14	3.50	1.64	0.38	9.01
22	9.57	10.99	7.47	3.52	0.93	9.70
23	1.46	1.90	1.17	0.73	0.12	8.56
24	0.31	0.41	0.20	0.21	0.05	17.75

表 11　垂穗披碱草形态学性状基本统计数据表

性状	平均值	最大值	最小值	极差	标准差	变异系数
1	104.28	111.72	93.32	18.40	5.08	4.87
2	1.58	2.00	1.20	0.80	0.32	10.48
3	13.02	15.29	10.90	4.39	1.18	9.09

（续表）

性状	平均值	最大值	最小值	极差	标准差	变异系数
4	8.05	10.39	5.91	4.48	1.32	16.45
5	20.24	24.24	17.78	6.46	1.87	9.26
6	7.77	10.10	6.13	3.97	1.25	16.06
7	2.04	3.40	1.20	2.20	0.56	17.35
8	13.34	18.22	7.74	10.48	3.02	22.64
9	15.95	20.84	12.73	8.11	2.23	23.97
10	1.54	2.20	1.00	1.20	0.36	23.36
11	18.81	22.38	14.80	7.58	2.04	10.85
12	7.46	9.10	6.58	2.52	0.72	9.69
13	1.40	2.18	0.98	1.20	0.32	22.92
14	11.48	14.81	8.43	6.38	1.74	15.13
15	10.60	12.43	9.03	3.40	0.98	9.22
16	9.87	11.22	7.76	3.46	0.88	8.96
17	4.79	7.18	3.36	3.82	0.78	26.35
18	0.79	1.09	0.55	0.54	0.12	15.60
19	3.33	4.61	2.17	2.44	0.66	19.87
20	49.91	62.40	38.20	24.20	6.53	13.08
21	3.49	4.30	2.30	2.00	0.45	12.94
22	9.40	10.75	8.03	2.72	0.85	9.07
23	1.51	1.74	1.21	0.53	0.13	8.51
24	0.33	0.47	0.13	0.34	0.08	24.92

2. *方差分析*

对老芒麦和垂穗披碱草材料间、老芒麦种内和垂穗披碱草种内进行单因素方差分析，见表 12，结果表明：老芒麦和垂穗披碱草材料间差异显著，二者在种内差异显著，且种间的差异大于种内，表现出较为丰富的形态多样性。

F 检验结果表明，在材料间所测定的 24 个形态指标中除种子长和种子宽没有显著差异外，茎被白粉、叶片颜色、穗颜色、外稃芒长、小穗数达到显著水平（$P<0.05$），其他 17 个性状均达到极显著水平（$P<0.01$），其中穗宽、穗轴第一间节长、株高和小花数在材料间差异性最大，而种子长和种子宽差异性较小，说

明穗宽、穗轴第一间节长、株高和小花数对于这些材料间产生遗传变异的影响较大，而种子长和种子宽影响则较小。

表 12　供试材料形态学性状的单因素方差分析

性状	材料间 F 值	老芒麦种内 F 值	垂穗披碱草种内 F 值
1	40.49 **	23.45 **	13.24 **
2	5.50 *	3.13 *	1.12
3	26.60 **	12.40 **	3.67 *
4	13.31 **	8.43 **	3.63 *
5	34.77 **	17.89 **	5.42 *
6	26.86 **	13.67 **	4.45 *
7	6.49 *	4.43 *	0.98
8	29.36 **	21.47 **	3.42 *
9	13.95 **	9.62 **	4.23 *
10	5.24 *	3.76	1.79
11	15.40 **	9.09 *	3.33 *
12	46.62 **	21.78 **	12.67 **
13	46.28 **	23.45 **	13.89 **
14	5.43 *	3.28 *	1.09
15	15.43 **	10.08 *	4.57 *
16	17.05 **	12.08 **	4.17 *
17	23.04 **	15.54 **	5.34 *
18	13.30 **	8.67 *	3.05
19	28.63 **	20.78 **	6.54 *
20	9.88 *	6.10 *	3.45 *
21	36.79 **	24.98 **	8.67 **
22	3.90	2.13	1.20
23	1.82	1.21	0.60
24	11.51 **	7.42 *	3.07

注：** 代表 0.01 水平显著；* 代表 0.05 水平显著，下同。

对老芒麦种内进行 F 检验结果表明，除穗颜色、种子长和种子宽外，茎被白粉、叶片颜色、穗长、外稃长、外稃芒长、第一颖宽、小穗数以及种子千粒重达到显著水平（$P<0.05$），其他性状均达到极显著水平（$P<0.01$）；垂穗披碱草的F检验发现，茎被白粉、叶片颜色、穗颜色、外稃芒长、第一颖宽、种子长、种子宽和种子千粒重之间没有显著性差异，株高、穗宽、穗轴第一节间长以及小花数达到极显著水平（$P<0.01$），而其他形状达到显著性差异。不同的生境、气候等外界因素对植物形态学变异影响较大，使得同一种内也具有较大差异性，垂穗披碱草种内的差异性没有老芒麦种内的差异性大，在一定程度上与材料的地域分布有关。

3. 相关分析

变异是生物与环境相结合的结果，生物变异的某些性状之间是相互联系的。对供试材料主要表型性状相关性进行分析。

老芒麦种质形态学性状的相关分析结果见表13。结果表明：

（1）茎部。株高与穗下第一节间长呈极显著正相关，相关系数达到0.727；茎被白粉与旗叶至穗基部长以及内稃长呈显著负相关；旗叶至穗基部长与穗下第一节间长、穗宽、穗轴第一节间长以及第一颖宽呈显著正相关，而与穗颜色呈显著负相关。

（2）叶部。旗叶长与旗叶宽和穗长呈极显著正相关，其中与穗长的相关系数为0.824，在老芒麦24个表型性状相关系数中最大；旗叶宽与倒2叶片宽和穗下第一节间长分别呈极显著正、负相关；倒2叶片长于小穗数呈极显著正相关，而与穗长呈显著负相关。

（3）穗部。穗宽与小花数呈极显著正相关；外稃长与内稃长和第一颖长呈极显著正相关，与第一颖宽呈显著正相关；种子长和种子宽呈显著正相关；穗部性状指标与和其他性状指标间的相关性都较小，相关系数均在0.400以下。

垂穗披碱草种质形态学性状的相关性分析结果见表14，结果表明：

（1）茎部。株高与倒2叶片长、穗轴第一节间长、第一颖长、小花数以及种子宽呈呈显著负相关；茎被白粉与第一颖宽呈极显著负相关，而与外稃长呈显著负相关；旗叶至穗基部长与穗下第一节间长呈极显著正相关，与第一颖宽呈显著正相关；穗下第一节间长与第一颖宽呈显著正相关；穗轴第一节间长与小花数以及种子长都呈极显著正相关。

（2）叶部。旗叶长与穗长和内稃长呈显著正相关，而与外稃长呈极显著正相关；旗叶宽与倒2叶片宽呈极显著正相关，相关系数达到0.813，而与外稃长和第一颖宽呈显著正相关；倒2叶片长与外稃长呈极显著正相关，与叶片颜色和第一颖长呈显著正相关；倒2叶片宽与穗下第一节间长呈显著正相关；叶片颜色与穗颜色以及穗长呈显著正相关。

表 13　老芒麦形态学性状的相关性分析

性状编号	1	2	3	4	5	6	7	8	9	10	11	12	13	14	15	16	17	18	19	20	21	22	23	24
1	1.000																							
2	0.057	1.000																						
3	0.474	0.150	1.000																					
4	-0.126	0.097	0.585**	1.000																				
5	0.317	0.322	0.439*	0.205	1.000																			
6	-0.209	-0.140	0.184	0.659**	-0.071	1.000																		
7	0.123	0.052	-0.130	-0.093	0.118	0.038	1.000																	
8	0.305	-0.392*	-0.095	-0.246	-0.303	0.048	-0.012	1.000																
9	0.727**	-0.149	-0.164	-0.490**	-0.069	-0.299	-0.047	0.461*	1.000															
10	0.066	-0.022	0.312	0.361*	0.258	0.134	0.386*	-0.440*	-0.170	1.000														
11	0.286	0.148	0.824**	0.271	0.374*	-0.040	-0.073	-0.181	-0.008	0.276	1.000													
12	0.119	-0.346	0.031	0.017	-0.242	-0.029	-0.310	0.371*	0.195	-0.003	-0.044	1.000												
13	-0.308	-0.241	0.352	0.243	0.035	0.229	-0.101	0.357*	-0.301	0.046	0.185	0.279	1.000											
14	0.042	-0.044	0.481**	0.401*	0.135	0.078	-0.295	0.116	-0.167	0.043	0.340	-0.060	0.360*	1.000										
15	0.064	-0.271	0.325	0.248	-0.129	0.003	0.143	0.163	-0.008	0.207	0.239	0.167	0.249	0.207	1.000									
16	0.275	-0.355*	0.100	-0.080	-0.304	-0.314	-0.041	0.218	0.291	0.055	0.097	0.287	-0.025	0.101	0.675**	1.000								
17	-0.049	-0.059	0.147	0.262	0.104	0.138	0.114	-0.116	-0.167	0.191	0.108	-0.102	0.177	0.096	0.691**	0.330	1.000							
18	0.320	-0.305	0.156	0.124	0.186	-0.014	-0.017	0.364*	0.228	0.037	-0.006	0.123	0.088	0.126	0.434*	0.241	0.288	1.000						
19	-0.230	-0.003	-0.006	-0.175	-0.193	-0.248	-0.186	-0.318	-0.229	0.180	0.159	0.179	0.058	-0.064	0.017	0.188	0.247	-0.273	1.000					
20	0.069	0.226	0.123	0.112	0.388**	-0.061	-0.014	-0.247	0.009	0.179	0.185	0.063	-0.099	-0.178	0.107	-0.160	0.219	0.280	0.058	1.000				
21	-0.055	0.000	0.172	0.284	-0.298	0.142	-0.262	-0.172	-0.006	0.153	0.195	0.556**	-0.119	-0.058	0.016	0.023	-0.066	-0.190	0.364*	0.207	1.000			
22	0.053	-0.116	0.107	0.121	-0.241	0.246	-0.173	-0.070	0.172	0.215	-0.024	0.207	-0.156	-0.078	0.198	0.233	-0.041	-0.054	0.132	-0.081	0.236	1.000		
23	-0.042	0.093	0.156	0.220	-0.073	0.273	-0.088	-0.019	0.018	0.053	0.056	0.072	0.054	-0.063	0.137	0.086	0.024	0.097	-0.043	-0.169	0.029	0.404*	1.000	
24	0.273	-0.050	-0.152	-0.113	0.151	-0.101	0.022	0.117	0.336	0.157	-0.234	0.237	0.162	-0.113	-0.145	0.094	-0.101	0.085	-0.033	-0.082	-0.042	0.089	0.335	1.000

表 14　垂穗披碱草形态学性状的相关性分析

性状编号	1	2	3	4	5	6	7	8	9	10	11	12	13	14	15	16	17	18	19	20	21	22	23	24
1	1.000																							
2	0.345	1.000																						
3	0.159	-0.455	1.000																					
4	0.001	-0.413	0.286	1.000																				
5	-0.492*	-0.416	0.171	0.348	1.000																			
6	0.202	-0.163	0.138	0.813**	0.002	1.000																		
7	-0.178	-0.407	0.104	0.066	0.553*	-0.045	1.000																	
8	-0.187	-0.338	-0.022	0.323	-0.077	0.392	0.039	1.000																
9	0.333	-0.146	0.120	0.390	-0.432	0.530*	-0.104	0.657**	1.000															
10	-0.081	-0.430	0.420	0.136	0.248	-0.007	0.552*	0.018	0.174	1.000														
11	0.243	-0.134	0.485*	0.028	0.194	0.144	0.544*	-0.370	0.010	0.511*	1.000													
12	0.341	0.145	0.099	0.041	-0.374	0.088	-0.242	-0.077	0.035	-0.113	-0.152	1.000												
13	-0.506*	-0.154	-0.295	0.084	0.463*	0.061	0.333	0.366	-0.196	0.026	-0.139	-0.303	1.000											
14	-0.204	-0.657	0.348	0.294	0.312	0.149	0.330	0.290	0.097	0.275	0.086	-0.224	0.325	1.000										
15	-0.145	-0.516*	0.647**	0.476*	0.580**	0.210	0.451	-0.017	-0.062	0.558*	0.356	0.070	-0.002	0.608**	1.000									
16	-0.091	-0.290	0.568*	0.245	0.396	0.079	0.191	-0.139	-0.149	0.436	0.246	0.145	-0.255	0.357	0.872**	1.000								
17	-0.546*	-0.282	-0.122	0.100	0.531*	-0.031	0.078	0.198	-0.284	-0.018	-0.324	-0.252	0.316	0.132	0.248	0.369	1.000							
18	-0.139	-0.587**	0.359	0.477*	0.142	0.410	-0.003	0.492*	0.495*	0.235	0.014	-0.045	0.012	0.378	0.274	0.081	0.048	1.000						
19	0.449	-0.221	0.383	-0.069	-0.020	-0.081	0.264	-0.141	0.074	0.367	0.374	-0.113	-0.320	0.439	0.416	0.492*	-0.001	-0.108	1.000					
20	0.350	0.117	0.201	-0.046	-0.117	0.085	0.030	-0.450	-0.081	0.313	0.381	0.276	-0.414	0.082	0.315	0.377	-0.326	0.170	0.321	1.000				
21	-0.478*	-0.270	-0.229	0.026	0.372	-0.022	0.297	0.188	-0.271	0.082	-0.126	-0.049	0.608**	0.333	0.178	0.115	0.619*	0.033	0.073	-0.146	1.000			
22	-0.395	0.016	-0.345	0.369	0.395	0.361	0.122	0.424	0.028	-0.334	-0.254	-0.055	0.604**	0.086	0.029	-0.072	0.407	0.081	-0.360	-0.376	0.383	1.000		
23	-0.522*	-0.137	-0.284	0.311	0.378	0.063	0.381	0.048	-0.123	-0.036	-0.074	-0.049	0.340	0.023	0.064	-0.232	0.005	0.105	-0.557*	-0.247	0.192	0.411*	1.000	
24	-0.212	0.167	-0.243	0.072	-0.115	-0.101	-0.278	0.117	0.078	-0.381	-0.414	0.346	-0.042	-0.124	-0.126	-0.131	-0.151	0.045	-0.411	-0.284	-0.036	0.314	0.392	1.000

（3）穗部。穗颜色与穗长以及外稃长呈显著正相关；外稃芒长与小花数以及种子长呈极显著正相关；外稃芒长与外稃长呈极显著正相关；外稃长与内稃长相关性系数是垂穗披碱草表型性状之间相关性最大的，相关系数为 0.872，呈极显著正相关；第一颖长与小花数呈显著正相关；第一颖芒长与种子宽呈显著负相关；种子长和种子宽呈显著正相关；其他性状相关性都较小。

综合茎部、叶部以及穗部的相关发现，植株高大、茎节间长、叶片较宽的老芒麦，其旗叶至穗基部、内外稃以及小穗都比较长、小穗也较宽，小花数较多；而在垂穗披碱草株高的变异范围内，植株比较低矮的，其叶片长宽、茎节间长、旗叶至穗基部长、小花数、小穗数以及种子的长宽数值都比较大。

相关性分析主要表明各供试材料不同表型性状存在的内在联系。植株高大、茎节间长、叶片较宽的老芒麦，其旗叶至穗基部、内外稃以及小穗都比较长、小穗也较宽，小花数较多，说明营养生长状况良好的材料其生殖生长也较好，在生产实践中利用率就高，带来的经济效益也大；而在垂穗披碱草株高的变异范围内，植株比较低矮的，其叶片长宽、茎节间长、旗叶至穗基部长、小花数、小穗数以及种子的长宽数值都比较大，所以在利用此类材料时，应结合主成分分析，根据具体目的而选取材料。

4. 主成分分析

主成分分析对形态学性状的研究有一定的指导以及预测作用，通过主成分分析，能揭示各形态构件指标在遗传多样性结构中的作用。供试材料 24 个形态学性状主成分分析结果见表 15、表 16。

由表 15 可知，老芒麦前十个主成分的特征根均大于 1，说明这十个主成分在老芒麦形态学性状多样性构成中的作用比较大；第一主成分代表了 57.250%的变异，第二个主成分代表了 20.210%的变异，而第三个主成分代表了 7.900%的变异，前三个主成分累积贡献率达到了 85.360%，基本上代表了老芒麦 24 个性状的总变异。第一主成分特征向量绝对值较大的是株高、旗叶长、旗叶宽以及倒 2 叶片宽，基本代表了叶部的性状；第二主成分特征向量分量绝对值较大的是穗长、第一颖长和小穗数，基本代表了穗部的性状；第三主成分特征向量分量绝对值较大的是旗叶至穗基部长。通过各表型性状在主成分中特征向量分量绝对值的大小决定了这些性状在老芒麦形态分化中作用的大小，即株高、小穗数、旗叶至穗基部长、穗长、旗叶长、倒 2 叶片宽、倒 2 叶片长、外稃芒长、旗叶宽、穗下第一节间长、内稃长、第一颖长等 12 个主要特征是引起供试老芒麦表型变异的主要指标，叶部变异大于穗部的变异。

由表 16 可知，垂穗披碱草的前八个特征根均大于 1，且第一主成分代表了

46.220%的变异，第二主成分代表了 27.350% 的变异，而第三主成分代表了 10.860%的变异，前三主成分的累积贡献率达到了 84.430%。第一主成分特征向量分量绝对值较大的是外稃长、内稃长以及小穗数，基本代表了穗部的性状；第二主成分特征向量分量绝对值较大的株高、旗叶宽和旗叶至穗基部长，基本代表了叶部的性状；第三主成分特征向量分量绝对值较大的是穗下第一节间长。通过各表型性状在主成分中特征向量分量绝对值的大小确定了这些性状在老芒麦形态分化中作用的大小，即株高、小穗数、穗宽、内稃长、外稃长、穗下第一节间长、穗长、外稃芒长、旗叶长、旗叶至穗基部长、旗叶宽 11 个主要特征是引起供试垂穗披碱草表型变异的主要指标。

表 15　老芒麦表型性状主成分分析表

性状编号	第一主成分	第二主成分	第三主成分	第四主成分	第五主成分	第六主成分	第七主成分	第八主成分	第九主成分	第十主成分
1	0.949 7	0.016 7	-0.206 4	0.082 9	-0.149 8	0.073 2	0.102 9	-0.045 8	-0.053 3	-0.018 4
2	-0.007 5	0.018 6	-0.017 2	0.005 3	0.015 8	0.003 3	-0.072 2	0.004 6	0.030 8	-0.031 6
3	0.618 3	0.074 8	0.046 2	0.484 8	0.377 1	0.311 2	0.073 5	-0.111 2	0.256 7	0.168 6
4	0.529 4	0.035 3	-0.010 4	0.172 1	-0.143 3	0.127 3	0.227 2	-0.130 3	0.514 7	-0.236 0
5	0.022 4	0.149 7	-0.088 7	0.276 1	-0.111 5	0.350 6	-0.591 7	0.462 7	0.113 4	0.272 2
6	-0.609 1	-0.005 7	0.013 1	0.017 8	-0.065 4	0.094 5	0.087 8	-0.109 1	0.316 7	-0.246 0
7	-0.005 1	0.000 4	-0.003 9	-0.048 5	0.054 7	0.120 9	-0.018 4	0.261 5	0.008 1	-0.445 6
8	0.179 7	-0.377 1	0.859 0	-0.040 6	-0.024 0	0.245 6	-0.066 5	-0.009 5	-0.032 5	0.010 7
9	0.233 6	-0.068 6	0.094 7	-0.101 3	0.568 4	-0.256 2	-0.311 8	0.164 3	0.304 1	-0.044 6
10	-0.003 6	0.015 9	-0.024 9	0.022 3	0.020 5	0.006 5	0.035 8	0.029 4	0.061 5	-0.028 6
11	0.221 4	0.810 0	-0.023 9	0.413 6	0.496 3	0.120 7	0.021 0	-0.222 3	-0.434 8	-0.285 1
12	0.024 1	-0.006 7	0.050 3	-0.006 4	-0.010 2	0.036 1	0.141 6	-0.193 8	-0.019 7	0.423 9
13	-0.009 1	-0.007 0	0.033 6	0.026 4	0.005 7	0.033 6	0.005 7	0.001 3	-0.016 8	0.036 7
14	-0.050 8	-0.087 0	0.152 8	0.665 7	-0.419 7	-0.561 3	-0.051 6	-0.016 0	-0.051 5	-0.030 3
15	-0.001 0	0.009 7	0.096 4	0.096 5	0.126 4	-0.029 5	0.471 8	0.449 2	0.017 7	0.033 9
16	0.020 9	-0.028 0	0.011 6	0.033 3	0.098 0	-0.091 3	0.265 7	0.599 9	-0.117 7	0.269 0
17	-0.008 1	0.541 1	0.021 3	0.052 3	-0.013 2	0.006 8	0.336 0	0.328 6	-0.044 6	-0.071 5
18	0.002 6	0.002 3	0.011 3	0.004 1	-0.002 8	0.000 9	0.007 8	0.021 5	0.015 3	0.002 6
19	-0.019 6	0.014 6	-0.023 9	-0.010 9	0.078 6	-0.046 4	0.081 0	-0.032	-0.247 8	0.352 5
20	0.071 2	0.897 6	0.400 3	-0.094 8	-0.056 1	-0.097 4	0.012 4	-0.059	-0.010 0	-0.014 8
21	0.000 5	0.012 0	-0.004 4	0.001 7	0.028 6	-0.021 3	0.072 1	-0.144	0.024 4	0.048 5
22	0.005 7	-0.007 9	-0.029 4	-0.004 6	0.110 1	-0.072 4	0.157 1	-0.109	0.426 9	0.330 9
23	-0.000 9	-0.002 4	-0.002 0	0.001 0	0.013 7	0.003 9	0.009 2	-0.002	0.040 3	0.011 1
24	0.001 2	-0.000 8	-0.000 8	-0.001 8	-0.000 1	-0.002 0	-0.005	0.005 2	0.010 7	0.012 6

（续表）

性状编号	第一主成分	第二主成分	第三主成分	第四主成分	第五主成分	第六主成分	第七主成分	第八主成分	第九主成分	第十主成分
特征值	141.430	49.928	19.503	15.229	5.178 4	4.643 8	4.076 6	2.225 9	1.485 5	1.005 8
贡献率（%）	57.250	20.210	7.900	6.160	2.100	1.880	1.650	0.900	0.600	0.410
累计贡献率（%）	57.250	77.460	85.360	91.520	93.620	95.500	97.150	98.050	98.650	99.060

表 16　垂穗披碱草表型性状主成分分析表

性状编号	第一主成分	第二主成分	第三主成分	第四主成分	第五主成分	第六主成分	第七主成分	第八主成分	第九主成分	第十主成分
1	0.240 8	-0.894 4	0.131 3	0.152 5	0.188 1	0.163 5	0.052 5	-0.095 4	0.099 7	0.042 9
2	0.009 7	-0.024 2	-0.013 5	-0.067 8	-0.005 4	-0.071 5	0.020 9	0.020 2	-0.024 2	0.056 4
3	0.036 3	0.023 2	0.046 0	0.309 2	-0.116 5	0.259 3	-0.278 5	0.523 9	0.145 9	-0.316 3
4	-0.022 3	0.552 8	0.155 1	0.283 2	0.364 4	-0.285 2	-0.417 4	-0.114 8	0.074 9	-0.115 2
5	-0.041 3	0.115 9	-0.257 8	0.471 7	0.486 2	0.007 4	0.339 8	-0.135 6	-0.158 5	-0.311 3
6	-0.001 1	0.054 3	0.216 6	0.158 5	0.155 9	-0.471 1	-0.245 2	-0.013 5	0.225 8	0.242 5
7	0.001 4	0.018 8	-0.020 6	0.137 4	-0.024 8	0.032 1	0.230 4	-0.105 4	0.096 2	0.074 2
8	-0.263 3	0.543 1	0.640 0	-0.018 4	0.182 7	0.223 7	0.475 3	0.193 5	0.281 4	-0.025 8
9	-0.043 7	-0.038 8	0.622 8	0.097 8	-0.203 3	-0.115 8	-0.106 1	-0.166 3	-0.563 6	-0.087 0
10	0.015 0	0.012 3	0.016 5	0.073 9	-0.028 8	0.053 3	0.064 8	0.032 8	-0.112 5	-0.040 3
11	0.133 8	-0.008 5	-0.046 3	0.575 5	-0.368 7	-0.295 9	0.302 6	0.093 0	0.110 9	0.144 6
12	0.030 7	-0.018 0	0.039 4	-0.675 9	0.078 5	0.006 6	-0.162 8	0.290 6	0.349 9	0.196 1
13	-0.024 9	0.028 3	-0.018 3	0.005 8	0.012 5	-0.034 5	0.087 7	-0.066 1	0.116 4	-0.012 2
14	-0.019 5	0.233 4	0.064 6	0.236 0	-0.117 9	0.495 0	-0.256 4	-0.569 9	0.255 4	0.084 3
15	0.633 3	0.091 8	-0.005 4	0.265 1	0.126 7	0.186 1	-0.131 1	0.172 9	-0.099 7	0.121 3
16	0.642 2	0.060 0	-0.021 8	0.159 8	0.127 0	0.199 1	-0.122 3	0.335 6	-0.304 5	0.351 9
17	-0.045 6	0.045 9	-0.065 3	0.021 3	0.204 9	0.065 8	0.088 1	0.123 8	-0.356 5	0.366 5
18	0.000 7	0.008 2	0.020 6	0.011 4	0.013 3	0.004 3	0.004 4	0.001 5	-0.004 8	-0.066 1
19	0.034 2	-0.004 5	0.020 0	0.102 2	-0.069 5	0.254 7	-0.033 6	-0.139 2	-0.048 8	0.419 9
20	0.714 9	0.288 4	0.173 3	-0.120 6	0.124 4	0.013 8	0.117 2	-0.010 6	0.011 2	-0.045 9
21	-0.016 7	0.039 5	-0.028 8	0.000 7	0.049 9	0.011 3	0.094 4	-0.044 2	0.070 0	0.302 0
22	-0.059 9	0.051 2	0.008 2	0.015 6	0.200 7	-0.227 5	0.140 0	-0.069 0	0.129 4	0.308 2
23	-0.005 2	0.003 7	-0.007 3	0.005 3	0.015 4	-0.030 8	0.006 3	-0.027 2	0.017 7	-0.046 4
24	-0.003 3	-0.002 0	0.000 7	-0.008 5	0.008 7	-0.002 0	-0.014 4	-0.000 4	0.004 6	-0.007 7
特征值	47.491 5	28.108 4	11.157 6	5.905 3	2.965 7	2.215 4	1.647	1.077 1	0.617	0.568 6

（续表）

性状编号	第一主成分	第二主成分	第三主成分	第四主成分	第五主成分	第六主成分	第七主成分	第八主成分	第九主成分	第十主成分
贡献率（%）	46.220	27.350	10.860	5.750	2.890	2.160	1.600	1.050	0.600	0.550
累计贡献率（%）	46.220	73.570	84.430	90.170	93.060	95.220	96.820	97.870	98.470	99.020

综合供试老芒麦和垂穗披碱草的主成分分析结果发现，老芒麦和垂穗披碱草形态分化的主要指标中有 9 个相同，倒 2 叶片长、倒 2 叶片宽以及第一颖长是老芒麦形态分化的主要指标，外稃长和穗宽则是垂穗披碱草形态分化的主要指标，而且对形态分化最大的两个指标均为株高和小穗数，在一定程度上反映了老芒麦与垂穗披碱草的亲缘关系。

5. 聚类分析

对供试材料依据其形态学性状进行聚类分析得到的树状图，见图 1，以欧式距离为 15 作为划分标准，供试材料可以聚为老芒麦和垂穗披碱草两大类，而以欧式距离为 11 作为划分标准，老芒麦聚为三类，垂穗披碱草聚为两类。所有材料首先表现为同一种聚在一起，而种内不是严格按照同一来源材料聚在一起，而是在形态上相似的材料聚在一起。

老芒麦分为三类：

第一类包括 ES004、ES018、ES028、ES029、ES019、ES005、ES007、ES008、ES013、ES017、ES030 11 份老芒麦，分别来自黑龙江、吉林、内蒙、新疆，此类材料在表型性状上表现为：植株矮小，叶片窄而短，叶片颜色表现为灰绿，穗下节间、旗叶至穗基部、内外稃以及小穗都比较短、小穗也较窄，小花数较少，穗部性状表现较差。此类材料各性状表现均不佳，平均值低于老芒麦的整体平均值，具体生长状况表现为：植株营养生长以及生殖生长都比较缓慢，小穗表现为纤细，抽穗缓慢，抽穗而不开花，开花而不结实，尤其是穗基部和穗尖多不结实，个别材料从抽穗开始穗尖就慢慢焦枯，结实率不到 1/2（ES028 未完成生育期）；从开花期开始，叶尖和叶缘开始焦枯或出现叶卷，表现出明显的不适应。此类材料原始生境纬度较高且大部分海拔较低，在试验条件下表现为生长不适应。

第二类只有 ES031，来自新疆，其生长的表型特征与其他老芒麦材料明显不同，返青期较早，生育期最短，营养生长和生殖生长均表现为正常。植物低矮，簇状生长，叶层高度较低，茎斜生，茎被白粉，叶片短而窄，叶片深绿，开花期较为

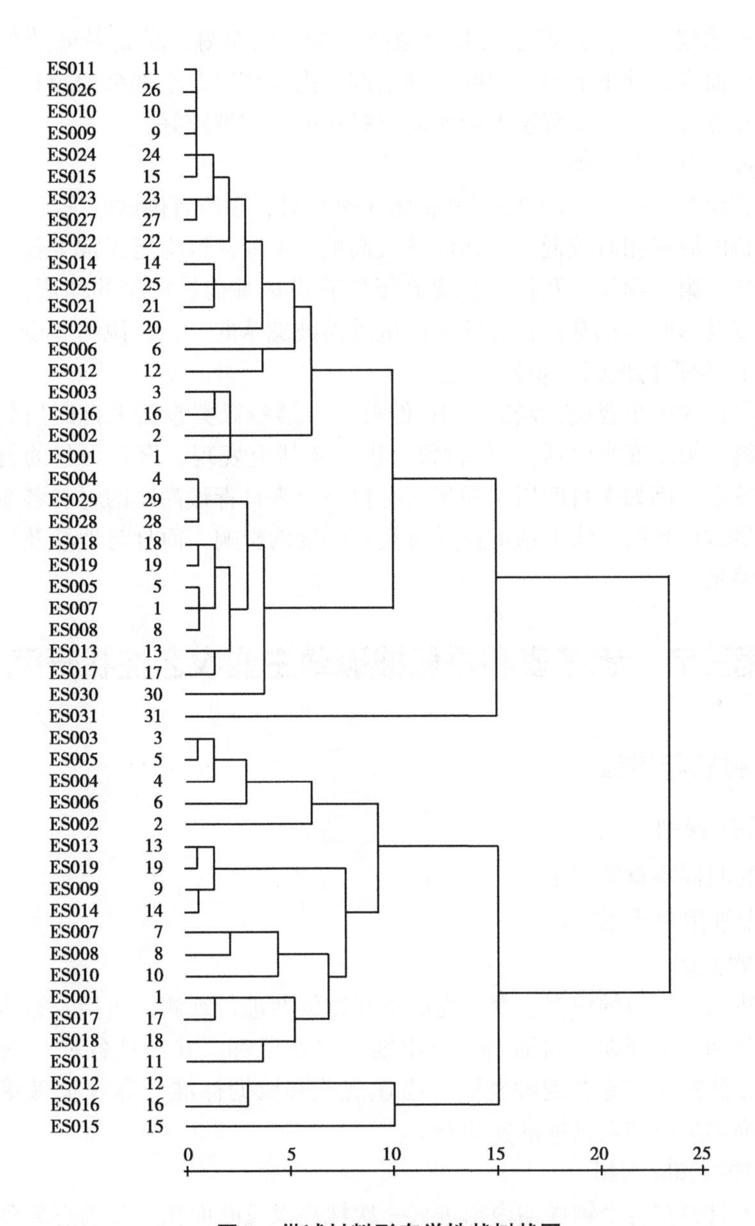

图1　供试材料形态学性状树状图

均一，小穗短而粗壮，种子饱满。此材料可作为特殊材料做深入的分析和研究。

第三类是剩余的19份老芒麦，该类材料的地理来源广泛，几乎涵盖了所有采集地范围，此类的大部分材料原始生境的纬度都较低，海拔差异较大。植物学特征为：植株较高大，营养生长和生殖生长均较为良好，植物及叶片颜色均较深，叶片长而宽，穗下节间、旗叶至穗基部、内外稃以及小穗都比较长、小穗也较宽，小花数较多，一定程度上说明此类材料的适应性较好。

垂穗披碱草分为两类：

第一类包括 EN012、EN015、EN016 3 份材料，在所有供试的垂穗披碱草中，这 3 份材料的海拔相对较低，而纬度是最高的，3 份材料均能正常生长，穗部性状，如穗长、第一颖长以及种子长要高于所有供试垂穗披碱草的均值，而株高、旗叶长宽以及旗叶至穗基部长要低于供试垂穗披碱草的均值，说明 3 份材料的株型与其他 16 份垂穗披碱草差异较大。

第二类包含两个亚类，涵盖了 16 份材料。第一亚类包括来自四川甘孜地区的 5 份材料，第二亚类包括 11 份材料，进一步研究发现，聚在一起的材料在地域上距离较近，例如来自四川阿坝州的材料以及来自青藏高原的材料各自聚在一起，说明供试材料的亲缘关系不仅受海拔和纬度的影响，而且与地域及生境也存在一定的关系。

第三节　老芒麦和垂穗披碱草主要农艺性状研究

一、材料与方法

1. 供试材料

供试材料同本章第二节。

2. 观测指标和方法

（1）物候期。

对上述供试材料的整个生育期内的不同物候期进行观测，包括：返青期、分蘖期、拔节期、孕穗期、抽穗期、开花期、完熟期等，并计算各材料的生育天数。观测方法参照《老芒麦种质资源描述规范和数据标准》和《披碱草属牧草种质资源描述规范和数据标准》进行。

（2）株高和叶面积。

供试各材料在各个物候期内都进行一次株高以及叶面积生长动态的观测，测量株高时每份材料选取 10 株，测量其绝对高度，求平均值；而叶面积观测也是每份材料选取 10 株，用 AM300 叶面积仪测量植株旗叶叶面积，求平均值。

（3）鲜干比。

在供试材料进入乳熟期后，对试验材料进行刈割，每份材料 10 株，在田间测定其鲜草产量取平均值，单位 g/株，精确到 0.01g/株，测完后把材料的茎和穗分开，自然风干后称重，单位 g/株，精确到 0.01g/株。称重后用以下公式计算茎穗比和鲜干比，$X_1 = W_{jg}/W_{sg}$（公式中 X_1 代表茎干重与穗干重的比值，W_{jg} 代表茎干重，W_{sg} 代表穗干重）；$X_2 = W_x/W_g$（公式中 X_2 代表鲜重与干重的比值，W_x 代表鲜重，W_g 代表干重，其中 $W_g = W_{jg} + W_{sg}$）；

（4）穗部生产性能。

在枯黄期，对供试材料单株的地上枝条数进行统计即为单株分蘖数，每份材料 10 株，取平均值；在枯黄期，统计单株的小穗数，每份材料 10 株，取平均值，单株抽穗率为单株穗个数与单株分蘖数的比值。在 Excel 中进行数据统计，运用 SPSS 11.0 对结果数据进行分析。

二、主要农艺性状比较

1. 物候期观察

供试材料的物候期观察见表 17，所有材料在 4 月 10 日左右均返青，只有材料 ES028 在试验条件下没有完成生育期，其他材料均能正常完成生育期，从表中看出，所有材料在试验地气候条件下的生育期有明显的差异。31 份老芒麦中生育期最长的是来自黑龙江的材料 ES004，其生育天数达到 148d，生育期最短的是 ES031，其生育天数仅为 74d，两份材料相差 74d；19 份垂穗披碱草中生育期最长的是材料 EN007，为 111d，生育期最短的是 EN001、EN002、EN006，其生育天数为 88d。进一步研究发现，与垂穗披碱草相比，老芒麦的生育期明显要长，生育期短的材料其分蘖、拔节、孕穗、抽穗、开花、完熟的时间也早，属于早熟型，来自低海拔、高纬度地区的材料生育期明显长于来自低纬度、高海拔地区的材料。

表 17　物候期观察数据表（月/日）

种质编号	返青期	分蘖期	拔节期	孕穗期	抽穗期	开花期	完熟期	生育期（d）
ES001	4/10	5/3	5/18	5/26	6/4	6/17	7/19	101
ES002	4/11	5/2	5/20	5/27	6/3	6/21	8/7	117
ES003	4/12	5/1	5/13	5/25	6/11	6/18	7/19	98
ES004	4/7	4/25	5/24	7/14	7/28	8/4	9/2	148
ES005	4/9	4/27	5/25	7/18	7/31	8/8	8/30	143
ES006	4/10	4/26	5/16	6/8	6/22	7/4	8/30	143
ES007	4/9	4/27	5/18	6/3	6/23	7/2	8/26	140

（续表）

种质编号	返青期	分蘖期	拔节期	孕穗期	抽穗期	开花期	完熟期	生育期(d)
ES008	4/10	4/29	5/15	6/4	6/23	6/30	8/10	122
ES009	4/9	4/30	5/14	6/5	6/24	6/29	8/1	115
ES010	4/8	5/1	5/16	6/4	6/18	6/23	7/28	110
ES011	4/9	4/24	5/16	6/4	6/18	6/23	7/28	109
ES012	4/7	4/24	5/14	6/4	6/20	6/25	8/22	138
ES013	4/9	4/26	5/17	6/16	7/17	7/27	8/29	142
ES014	4/10	4/26	5/19	6/3	6/14	6/19	7/14	96
ES015	4/9	4/28	5/17	6/16	6/23	6/28	8/13	126
ES016	4/12	4/30	5/24	5/30	6/13	6/24	7/12	92
ES017	4/10	5/2	5/22	6/12	6/18	6/30	8/28	140
ES018	4/10	5/3	5/21	6/20	6/27	7/3	8/23	135
ES019	4/8	5/3	5/22	6/13	6/24	6/30	8/22	136
ES020	4/10	5/4	5/22	6/2	6/12	6/17	7/30	112
ES021	4/11	5/1	5/18	6/3	6/18	6/25	7/25	107
ES022	4/10	5/1	5/25	6/23	6/30	7/19	8/15	129
ES023	4/12	5/5	5/20	6/5	6/28	8/5	8/28	136
ES024	4/9	4/27	5/19	6/12	6/21	6/25	8/5	118
ES025	4/10	5/3	5/17	6/13	6/21	6/28	8/5	117
ES026	4/10	5/1	5/16	6/14	6/23	6/30	8/15	127
ES027	4/7	5/2	5/17	6/12	6/27	7/4	8/15	129
ES028	4/8	5/15	6/10	6/30	7/29	—	—	—
ES029	4/9	5/4	5/18	5/29	6/14	6/22	8/19	133
ES030	4/11	5/5	5/26	6/5	6/14	6/22	8/23	135
ES031	4/7	4/28	5/14	5/21	5/28	6/7	6/20	74
EN001	4/11	4/30	5/15	5/24	6/5	6/18	7/7	88
EN002	4/10	4/27	5/21	5/28	6/9	6/16	7/7	88
EN003	4/7	5/6	5/17	6/1	6/11	6/14	7/8	92
EN004	4/11	5/4	5/16	5/23	6/10	6/15	7/10	91
EN005	4/10	5/1	5/17	5/24	6/11	6/17	7/12	93
EN006	4/12	4/27	5/16	5/25	6/11	6/18	7/6	88
EN007	4/10	4/30	5/17	5/28	6/10	6/25	7/28	111
EN008	4/10	5/3	5/16	5/27	6/8	6/16	7/9	90
EN009	4/9	5/2	5/17	5/26	6/12	6/18	7/10	92

（续表）

种质编号	返青期	分蘖期	拔节期	孕穗期	抽穗期	开花期	完熟期	生育期(d)
EN010	4/10	5/3	5/17	5/26	6/9	6/16	7/12	93
EN011	4/10	4/27	5/16	6/5	6/16	6/22	7/22	103
EN012	4/12	5/1	5/20	5/27	6/8	6/14	7/13	91
EN013	4/11	5/2	5/17	6/2	6/16	6/21	7/15	96
EN014	4/8	5/2	5/23	6/6	6/17	6/23	7/18	102
EN015	4/10	5/3	5/24	6/4	6/12	6/18	7/13	95
EN016	4/12	5/5	5/24	6/2	6/13	6/19	8/20	121
EN017	4/8	5/3	5/17	5/29	6/11	6/17	7/7	91
EN018	4/6	5/5	5/17	5/26	6/10	4/16	7/7	93
EN019	4/7	5/3	5/18	5/27	6/10	6/15	7/6	92

必需的生态条件对植物引种特别重要，物候期是植物的生态适应性与环境条件相互作用的结果，物候期的观测能反映植物在试验条件下生长发育各时期的进展状况，是植物引种重要的参考标准，同时也是生产实践中选择良种、制定具体生产标准的依据。本研究所有供试材料均能在试验条件下安全越冬，只有材料ES028不能完成生育期，大部分材料能够适应试验地气候，不同材料的生育期有明显差别，与垂穗披碱草相比，老芒麦的生育期差异性更大，生育期最长和生育期最短的材料都是老芒麦，且生育期较长（生育天数大于130d）的材料营养生长都比较差，来自低海拔、高纬度地区的材料生育期明显长于来自低纬度、高海拔地区的材料。

2. 株高及叶面积生长动态

株高和叶面积生长动态可反映供试材料的生长速度。由表18可知，老芒麦株高的变异系数最大的时期是孕穗期，变异系数为15.20%，图2表明在拔节期老芒麦株高增幅最大，孕穗期之后老芒麦株高增幅变小。由表19可知，垂穗披碱草株高的变异系数最大的时期是分蘖期，变异系数为12.43%，图2表明在分蘖期和拔节期垂穗披碱草株高增幅最大。在株高变化方面，老芒麦和垂穗披碱草的共同点是在分蘖期到开花期株高变化幅度最大，之后株高变化较小。来自高海拔地区的老芒麦株高均大于低海拔地区，而来自高纬度地区的垂穗披碱草植株均矮于来自低纬度地区的。

表 18　老芒麦株高和叶面积生长动态

种质编号	分蘖期						拔节期						孕穗期					
	株高 (cm)	叶面积 (cm^2)	叶长 (cm)	叶宽 (cm)	叶周长 (cm)	叶片长宽比	株高 (cm)	叶面积 (cm^2)	叶长 (cm)	叶宽 (cm)	叶周长 (cm)	叶片长宽比	株高 (cm)	叶面积 (cm^2)	叶长 (cm)	叶宽 (cm)	叶周长 (cm)	叶片长宽比
ES001	24.61	6.89	16.29	0.58	22.26	28.09	42.27	10.10	18.75	0.90	31.11	20.83	51.40	14.33	19.96	1.21	36.64	16.50
ES002	28.35	7.58	18.42	0.59	26.54	31.22	50.72	10.03	20.43	0.86	34.65	23.76	62.78	12.82	20.71	1.03	37.95	20.11
ES003	22.28	6.03	16.09	0.54	31.92	29.80	43.29	10.90	20.71	1.08	34.89	19.18	53.16	16.95	21.59	1.47	40.36	14.69
ES004	24.63	5.84	13.73	0.70	27.50	19.61	36.05	12.95	19.72	0.96	33.45	20.54	67.35	17.92	21.78	1.24	39.64	17.56
ES005	26.67	5.02	12.63	0.62	25.26	20.37	43.64	8.12	22.57	0.93	38.75	24.27	80.07	21.55	25.63	1.38	47.83	18.57
ES006	27.52	5.22	13.95	0.55	27.50	25.36	51.76	14.59	21.34	0.93	36.18	22.95	68.42	18.79	20.67	1.40	37.58	14.76
ES007	28.22	4.60	14.15	0.48	28.00	29.48	47.76	13.92	22.60	0.98	38.00	23.06	70.11	19.18	22.99	1.29	42.15	17.82
ES008	24.07	6.32	14.39	0.61	22.63	23.59	47.25	10.56	20.26	1.01	34.27	20.06	76.10	18.70	21.23	1.39	39.00	15.27
ES009	27.39	5.04	15.11	0.47	23.94	32.15	48.94	12.57	22.20	0.79	37.77	28.10	67.47	14.58	19.79	1.18	35.92	16.77
ES010	27.41	6.82	15.61	0.59	21.05	26.46	46.43	7.58	21.24	0.93	35.92	22.84	69.26	18.55	22.02	1.33	40.37	16.56
ES011	27.10	6.18	12.11	0.56	23.95	26.98	45.59	14.97	21.15	0.98	35.85	21.58	65.38	16.94	21.11	1.30	38.71	16.24
ES012	26.41	5.77	10.57	0.53	21.96	27.49	41.35	12.20	19.62	0.83	32.70	23.64	58.64	17.31	20.72	1.37	39.02	15.12
ES013	29.75	7.53	15.15	0.62	34.09	27.66	51.51	9.66	21.66	0.93	36.75	23.29	67.20	20.31	23.46	1.44	44.90	16.29
ES014	24.74	5.43	12.12	0.47	26.03	38.55	43.72	11.24	20.00	1.48	35.56	13.51	60.77	16.51	24.33	1.26	47.22	19.31
ES015	29.29	6.06	13.17	0.49	28.25	39.12	48.38	12.04	20.84	0.97	35.69	21.48	78.65	15.05	21.17	0.96	37.76	22.05
ES016	27.92	6.05	18.86	0.51	37.53	36.98	51.00	11.29	23.34	0.92	40.90	25.37	61.61	13.09	20.22	0.88	35.96	22.98
ES017	27.21	7.90	21.91	1.20	35.27	18.26	39.12	11.65	20.12	0.78	33.80	25.79	55.22	15.69	22.49	0.95	40.37	23.67
ES018	24.95	5.23	14.38	0.47	28.38	30.60	37.07	12.40	20.93	0.85	35.44	24.62	44.98	14.58	21.23	0.96	37.86	22.11
ES019	28.55	7.76	16.01	0.67	31.86	23.90	40.34	12.88	20.26	1.01	34.06	20.06	60.45	19.22	22.07	1.19	39.60	18.55

（续表）

种质编号	分蘖期						拔节期						孕穗期					
	株高（cm）	叶面积（cm^2）	叶长（cm）	叶宽（cm）	叶周长（cm）	叶片长宽比	株高（cm）	叶面积（cm^2）	叶长（cm）	叶宽（cm）	叶周长（cm）	叶片长宽比	株高（cm）	叶面积（cm^2）	叶长（cm）	叶宽（cm）	叶周长（cm）	叶片长宽比
ES020	24.73	4.23	12.99	0.41	26.56	31.68	42.74	11.29	20.63	0.75	34.81	27.51	59.02	12.88	20.08	0.89	35.67	22.56
ES021	31.21	6.22	15.93	0.51	26.45	31.24	48.74	13.32	24.09	2.61	43.52	9.23	66.27	15.77	22.95	0.98	41.25	23.42
ES022	26.75	4.86	14.07	0.51	23.11	27.59	44.85	10.88	19.53	0.80	32.75	24.41	68.91	17.12	22.13	1.06	39.70	20.88
ES023	28.00	4.79	13.31	0.51	26.50	26.10	49.68	12.94	22.35	0.93	38.34	24.03	66.07	16.84	19.68	1.18	34.85	16.68
ES024	29.32	5.73	15.91	0.60	31.79	26.52	51.87	15.11	23.09	2.71	41.97	8.52	82.00	15.29	21.92	0.98	39.19	22.37
ES025	27.15	4.95	13.43	0.44	26.49	30.52	44.82	12.53	23.30	0.93	40.31	25.05	78.62	17.51	22.53	1.06	40.45	21.25
ES026	29.43	5.92	11.45	1.69	23.79	6.78	46.03	15.89	23.53	2.77	42.90	8.49	71.76	17.76	21.95	1.14	39.31	19.25
ES027	30.69	5.57	14.46	0.50	26.53	28.92	47.97	11.50	23.98	1.01	41.88	23.74	69.97	19.76	24.34	1.11	43.98	21.93
ES028	26.09	6.09	13.61	0.59	26.89	23.07	39.39	14.77	21.76	1.14	38.00	19.09	67.61	19.10	22.86	1.15	41.19	19.88
ES029	30.79	7.32	17.27	0.56	31.06	30.84	50.36	12.31	21.95	1.09	38.21	20.14	52.19	17.86	23.05	1.05	41.43	21.95
ES030	20.61	3.61	11.10	0.45	22.02	24.67	29.03	10.66	18.68	0.98	31.92	19.06	45.27	14.35	18.98	1.06	33.42	17.91
ES031	20.20	6.88	14.78	0.66	29.28	22.39	33.43	7.36	15.59	0.99	25.93	15.75	50.80	6.19	11.75	0.57	19.30	20.61
平均	26.84	5.92	15.29	0.60	25.43	27.29	44.68	11.88	21.17	1.12	36.33	20.97	64.44	16.53	21.46	1.14	38.99	19.15
最大	31.21	7.90	21.91	1.69	35.27	39.12	51.87	15.89	24.09	2.77	43.52	28.10	82.00	21.55	25.63	1.47	47.83	23.67
最小	20.20	3.61	11.10	0.41	22.02	6.78	29.03	7.36	15.59	0.75	25.93	8.49	44.98	6.19	11.75	0.57	19.30	14.69
标准差	2.72	1.06	2.34	0.24	4.80	6.25	5.68	2.11	1.81	0.54	3.79	5.11	9.79	2.95	2.35	0.20	4.89	2.82
变异系数（%）	10.14	17.97	16.32	40.49	15.02	22.91	12.72	17.78	8.55	48.08	10.42	24.37	15.20	17.82	10.93	17.53	12.55	14.72

（续表）

种质编号	抽穗期						开花期						完熟期					
	株高（cm）	叶面积（cm^2）	叶长（cm）	叶宽（cm）	叶周长（cm）	叶片长宽比	株高（cm）	叶面积（cm^2）	叶长（cm）	叶宽（cm）	叶周长（cm）	叶片长宽比	株高（cm）	叶面积（cm^2）	叶长（cm）	叶宽（cm）	叶周长（cm）	叶片长宽比
ES001	63.73	14.38	18.43	1.14	32.46	16.17	91.78	13.00	20.14	1.11	37.99	18.14	109.25	15.45	21.43	1.09	39.75	19.66
ES002	82.60	15.19	21.04	1.04	37.57	20.23	118.19	14.27	23.25	1.05	44.06	22.14	92.72	17.76	26.15	1.04	48.78	25.14
ES003	70.26	17.28	20.61	1.28	37.33	16.10	104.93	18.49	24.08	1.39	45.75	17.32	107.67	16.66	21.69	1.20	40.35	18.08
ES004	68.61	18.34	22.04	1.23	40.20	17.92	73.27	16.38	21.95	1.24	41.51	17.70	75.82	17.06	21.64	1.22	39.99	17.74
ES005	79.24	20.06	24.51	1.22	44.92	20.09	84.05	19.92	25.44	1.28	48.34	19.88	83.53	18.32	22.76	1.25	42.15	18.21
ES006	73.85	20.44	23.07	1.37	41.88	16.84	78.96	18.03	22.30	1.35	42.32	16.52	92.00	15.47	19.75	1.17	36.29	16.88
ES007	69.49	21.85	26.19	1.27	47.70	20.62	71.90	17.84	23.83	1.24	45.17	19.22	82.96	17.81	22.85	1.19	42.33	19.20
ES008	78.27	17.11	21.06	1.26	37.73	16.71	88.01	13.79	19.36	1.19	36.37	16.27	92.65	16.22	20.73	1.20	38.09	17.28
ES009	73.19	15.47	20.83	1.10	37.19	18.94	86.76	13.96	20.21	1.12	38.00	18.04	94.46	16.01	21.38	1.14	39.36	18.75
ES010	87.25	18.66	22.45	1.23	40.42	18.25	86.62	13.38	23.50	0.95	44.54	24.74	99.70	15.66	20.84	1.12	38.33	18.61
ES011	75.53	17.15	21.59	1.17	38.74	18.45	76.32	12.29	21.52	0.93	40.68	23.14	95.86	15.90	20.25	1.17	37.25	17.31
ES012	61.01	16.26	20.50	1.18	36.60	17.37	63.07	13.64	21.58	1.05	40.65	20.55	85.77	15.46	19.43	1.20	35.63	16.19
ES013	69.91	19.59	23.08	1.31	41.77	17.62	75.69	16.09	21.10	1.30	39.91	16.23	78.41	17.54	20.92	1.34	38.69	15.61
ES014	81.20	13.31	20.86	0.99	37.30	21.07	80.73	11.98	21.03	0.97	39.62	21.68	104.52	14.42	19.93	1.05	36.64	18.98
ES015	81.65	16.59	21.58	1.13	38.67	19.10	97.75	14.83	21.30	1.11	40.12	19.19	102.00	17.76	23.38	1.16	43.31	20.16
ES016	62.42	14.30	21.68	1.01	38.98	21.47	87.77	12.92	23.71	0.96	44.95	24.70	111.16	15.44	22.42	1.02	41.73	21.98
ES017	58.31	16.85	22.94	1.11	41.41	20.67	66.37	13.85	20.19	1.09	38.01	18.52	77.39	18.71	24.00	1.17	44.69	20.51
ES018	62.08	19.66	24.28	1.23	44.03	19.74	67.31	15.11	21.48	1.17	40.49	18.36	76.65	19.57	24.86	1.26	46.23	19.73
ES019	63.86	20.06	22.71	1.31	40.97	17.34	73.27	16.97	21.38	1.31	40.32	16.32	80.58	22.43	26.61	1.27	49.74	20.95

（续表）

种质编号	抽穗期						开花期						完熟期					
	株高（cm）	叶面积（cm^2）	叶长（cm）	叶宽（cm）	叶周长（cm）	叶片长宽比	株高（cm）	叶面积（cm^2）	叶长（cm）	叶宽（cm）	叶周长（cm）	叶片长宽比	株高（cm）	叶面积（cm^2）	叶长（cm）	叶宽（cm）	叶周长（cm）	叶片长宽比
ES020	81.11	11.94	19.53	0.91	34.78	21.46	93.65	12.09	21.47	0.99	40.54	21.69	92.30	14.79	22.92	0.98	42.71	23.39
ES021	77.93	17.32	23.34	1.16	42.16	20.12	77.33	15.61	23.23	1.15	43.91	20.20	97.43	18.01	25.17	1.06	46.89	23.75
ES022	75.48	18.55	23.68	1.21	42.84	19.57	90.13	16.85	22.73	1.24	43.00	18.33	92.20	18.01	23.67	1.17	43.92	20.23
ES023	73.66	16.17	21.26	1.13	38.12	18.81	82.69	15.29	20.60	1.23	38.97	16.75	80.95	17.56	20.62	1.30	38.03	15.86
ES024	80.99	15.10	22.37	1.02	40.20	21.93	92.86	15.10	23.60	1.06	44.64	22.26	97.16	16.50	23.61	1.06	43.86	22.27
ES025	96.58	17.74	23.38	1.13	42.21	20.69	100.26	16.48	23.19	1.15	43.86	20.17	102.67	19.48	24.58	1.21	45.71	20.31
ES026	82.21	17.54	21.77	1.18	39.07	18.45	84.64	18.11	23.71	1.27	44.92	18.67	99.45	18.22	22.96	1.22	42.53	18.82
ES027	76.08	19.86	24.91	1.24	45.28	20.09	87.02	16.63	22.36	1.24	42.30	18.03	94.08	18.50	21.78	1.34	40.23	16.25
ES028	84.51	17.29	22.50	1.17	40.53	19.23	74.40	17.69	24.32	1.21	46.10	20.10	74.54	19.90	24.73	1.25	46.07	19.78
ES029	77.50	14.11	20.70	1.00	37.05	20.70	84.39	14.48	22.39	1.10	42.35	20.35	91.60	18.67	23.44	1.19	43.58	19.70
ES030	56.87	13.85	19.16	1.10	33.95	17.42	63.43	13.23	19.64	1.15	36.86	17.08	80.09	19.26	24.23	1.26	45.02	19.23
ES031	73.31	9.94	15.02	0.96	26.02	15.65	76.05	10.40	19.90	0.91	37.49	21.87	78.99	11.58	18.00	0.99	32.92	18.18
平均	74.15	16.84	21.84	1.15	39.29	18.99	83.21	17.12	22.08	1.15	41.73	19.49	91.11	17.23	22.48	1.17	42.00	19.31
最大	96.58	21.85	26.19	1.37	47.70	21.93	118.19	19.92	25.44	1.39	48.34	24.74	111.16	22.43	26.61	1.34	49.74	25.14
最小	56.87	9.94	15.02	0.91	26.02	15.65	63.07	10.40	19.36	0.91	36.37	16.23	74.54	11.58	18.00	0.98	32.92	15.61
标准差	9.13	2.68	2.12	0.11	4.16	1.75	12.33	2.25	1.56	0.13	3.07	2.40	10.66	2.04	2.06	0.10	4.03	2.31
变异系数（%）	12.32	15.92	9.70	9.74	10.58	9.22	14.81	14.91	7.07	11.26	7.35	12.32	11.70	11.86	9.17	8.26	9.68	11.96

注：由于 ES028 不能完成生育期，其开花期和完熟期的叶面积指标是在其他 49 份材料全部完成同期生育期后所测

表 19　垂穗披碱草株高和叶面积生长动态

种质编号	分蘖期						拔节期						孕穗期					
	株高(cm)	叶面积(cm^2)	叶长(cm)	叶宽(cm)	叶周长(cm)	叶片长宽比	株高(cm)	叶面积(cm^2)	叶长(cm)	叶宽(cm)	叶周长(cm)	叶片长宽比	株高(cm)	叶面积(cm^2)	叶长(cm)	叶宽(cm)	叶周长(cm)	叶片长宽比
EN001	25.70	7.98	15.69	0.63	35.03	24.90	48.24	9.87	14.99	1.03	29.85	14.55	62.85	12.82	17.05	1.37	32.93	12.45
EN002	27.97	7.29	15.44	0.59	34.53	26.17	50.57	11.57	17.56	0.95	34.50	18.48	61.73	14.1	18.53	1.52	36.62	12.19
EN003	32.71	9.39	17.35	1.08	39.39	16.06	48.60	11.81	18.73	0.91	36.85	20.58	61.43	11.91	18.62	1.17	35.97	15.91
EN004	25.70	7.93	15.38	0.62	34.59	24.81	45.93	11.31	15.16	1.04	29.85	14.58	58.65	14.35	17.77	1.52	34.87	11.69
EN005	22.79	5.88	14.04	0.51	31.79	27.53	44.04	7.82	13.41	0.88	26.34	15.24	54.99	11.2	16.02	1.23	30.66	13.02
EN006	28.21	8.57	16.55	0.66	36.89	25.08	48.61	11.65	16.35	1.03	32.46	15.87	61.07	11.55	16.84	1.22	32.27	13.80
EN007	28.21	7.28	14.72	0.63	33.31	23.37	48.21	12.3	17.93	1.01	35.56	17.75	60.48	13.05	18.19	1.31	35.13	13.89
EN008	19.37	6.03	12.9	0.57	26.54	22.63	42.08	9.64	15.1	0.91	29.95	16.59	49.67	10.74	16.85	1.13	32.10	14.91
EN009	26.91	8.05	15.41	0.65	25.57	23.71	52.54	10.45	16.88	0.92	33.25	18.35	66.41	11.91	18.48	1.22	35.71	15.15
EN010	27.21	7.28	14.06	0.66	27.00	21.30	52.11	13.37	17.07	1.14	33.99	14.97	64.59	14.64	19.53	1.36	38.06	14.36
EN011	26.84	6.01	14.84	0.55	28.38	26.98	47.97	11.88	18.77	0.99	37.29	18.96	71.31	14.55	20.19	1.29	40.68	15.65
EN012	27.13	6.38	17.58	0.55	34.04	31.96	53.73	9.46	18.54	0.76	36.71	24.39	58.78	9.56	18.19	0.83	33.88	21.92
EN013	28.89	7.18	14.9	0.57	29.34	26.14	50.14	11.17	17.88	0.90	35.37	19.87	71.65	14.86	20.36	1.12	38.07	18.18
EN014	29.46	9.21	15.52	0.77	31.96	20.16	44.61	14.46	19.29	1.02	38.15	18.91	62.71	18.23	20.96	1.23	39.25	17.04
EN015	25.08	4.09	9.68	0.45	23.12	21.51	48.33	7.55	18.05	0.64	35.48	28.20	54.70	10.92	19.4	0.85	36.21	22.82
EN016	19.06	4.25	9.28	0.46	22.33	20.17	36.88	8.14	15.29	0.79	30.18	19.35	54.14	8.76	14.66	0.94	26.99	15.60
EN017	25.82	7.06	13.28	0.61	27.17	21.77	51.96	10.55	16.34	1.10	33.35	14.85	62.61	12.87	18.3	1.06	34.04	17.26
EN018	25.49	6.61	12.56	0.59	21.72	21.29	51.20	13.33	17.86	1.24	36.37	14.40	60.22	10.89	16.16	1.03	29.79	15.69
EN019	24.18	5.34	11.4	0.53	22.42	21.51	46.90	9.82	16.22	1.06	32.96	15.30	55.73	11.41	16.1	1.02	29.73	15.78
平均	26.14	6.94	14.24	0.61	27.27	23.53	48.03	10.85	16.92	0.96	33.60	17.96	60.72	12.54	18.01	0.96	34.37	15.65
最大	32.71	9.39	17.58	1.08	39.39	31.96	53.73	14.46	19.29	1.24	38.15	28.20	71.65	18.23	20.96	1.52	40.68	22.82
最小	19.06	4.09	9.28	0.45	22.33	16.06	36.88	7.55	13.41	0.64	26.34	14.40	49.67	8.76	14.66	0.83	26.99	11.69
标准差	3.25	1.47	2.29	0.14	4.68	3.49	4.08	1.89	1.59	0.14	3.17	3.62	5.58	2.22	1.67	0.20	3.55	2.94
变异系数（%）	12.43	21.13	16.06	22.00	14.49	14.83	8.50	17.40	9.42	14.49	9.45	20.17	9.19	17.72	9.27	16.65	10.34	18.78

（续表）

种质编号	抽穗期						开花期						完熟期					
	株高（cm）	叶面积（cm^2）	叶长（cm）	叶宽（cm）	叶周长（cm）	叶片长宽比	株高（cm）	叶面积（cm^2）	叶长（cm）	叶宽（cm）	叶周长（cm）	叶片长宽比	株高（cm）	叶面积（cm^2）	叶长（cm）	叶宽（cm）	叶周长（cm）	叶片长宽比
EN001	81.94	12.99	17.17	1.06	33.93	16.20	116.27	14.8	18.49	1.02	37.12	18.13	100.44	14.51	19.17	1.03	38.36	18.61
EN002	77.86	15.41	19.99	1.09	39.46	18.34	116.51	16.46	19.73	1.10	39.77	17.94	102.58	15.41	19.13	1.09	38.34	17.55
EN003	67.56	14.64	19.52	1.07	38.57	18.24	90.26	13.25	18.87	0.92	37.96	20.51	107.70	13.24	19.15	0.98	38.67	19.54
EN004	72.48	16.49	19.26	1.23	38.09	15.66	102.78	14.11	18.04	1.01	36.32	17.86	106.25	15.37	19.26	1.10	38.60	17.51
EN005	74.26	11.71	16.54	1.04	32.69	15.90	105.83	14.31	18.95	0.99	38.02	19.14	107.38	14.01	19.21	1.04	38.39	18.47
EN006	81.03	13.29	17.68	1.10	35.31	16.07	109.75	14.18	18.4	1.00	36.98	18.40	111.72	14.01	18.63	1.08	37.74	17.25
EN007	71.69	13.62	18.86	1.08	37.90	17.46	96.46	13.3	19.43	0.93	39.02	20.89	103.33	16.45	16.89	0.98	34.28	17.23
EN008	62.87	12.21	18.04	1.01	36.25	17.86	97.79	14.48	19.41	0.98	38.93	19.81	101.70	13.82	18.77	1.05	37.67	17.88
EN009	80.36	14.30	19.19	1.10	38.66	17.45	104.84	16.03	21.78	1.00	43.59	21.78	109.90	13.52	19.18	0.99	38.67	19.37
EN010	81.74	15.23	18.38	1.17	36.82	15.71	99.01	14.21	19.77	1.03	39.87	19.19	102.49	11.8	17.03	1.03	35.08	16.53
EN011	93.83	12.56	19.59	0.94	38.75	20.84	92.81	11.13	18.53	0.68	37.03	27.25	90.10	11.9	16.66	0.92	33.29	18.11
EN012	78.09	10.15	19.73	0.80	39.07	24.66	96.95	10.36	17.92	0.70	35.93	25.60	98.26	12.64	19.46	0.85	39.07	22.89
EN013	78.36	12.39	19.02	0.97	37.57	19.61	86.57	15.28	20.01	0.98	39.99	20.42	102.50	15.35	20.06	1.03	39.98	19.48
EN014	77.97	18.03	20.42	1.29	40.40	15.83	77.93	16.29	20.65	0.98	41.20	21.07	98.10	20.87	22.60	1.29	44.92	17.52
EN015	82.20	10.42	19.35	0.82	38.38	23.60	85.62	12.5	17.84	0.84	35.78	21.24	84.60	12.81	19.12	0.90	38.24	21.24
EN016	89.33	10.90	18.45	0.90	36.66	20.50	91.02	11.53	16.41	0.90	33.06	18.23	93.32	11.46	16.76	0.89	33.55	18.83
EN017	77.63	12.24	18.36	0.99	36.69	18.55	100.02	11.45	16.03	0.86	32.26	18.64	106.39	14.87	20.48	1.02	40.96	20.08
EN018	82.83	12.40	18.13	1.01	35.99	17.95	105.25	14.13	18.41	1.00	36.91	18.41	107.69	14.16	18.52	1.03	37.31	17.98
EN019	75.66	9.40	16.69	0.84	33.30	19.87	100.10	11.8	16.6	0.86	33.36	19.30	97.85	15.69	19.87	1.13	39.80	17.58
平均	78.30	13.07	18.65	1.03	37.08	18.44	98.72	13.66	18.70	1.04	37.53	20.20	102.70	14.10	18.94	1.06	38.05	18.61
最大	93.83	18.03	20.42	1.29	40.40	24.66	116.51	16.46	21.78	1.10	43.59	27.25	111.72	20.87	22.60	1.29	44.92	22.89
最小	62.87	9.40	16.54	0.80	32.69	15.66	77.93	10.36	16.03	0.68	32.26	17.86	84.60	11.46	16.66	0.85	33.29	16.53
标准差	7.03	2.22	1.09	0.13	2.12	2.59	10.06	1.80	1.44	0.11	2.84	2.52	6.49	2.09	1.43	0.10	2.70	1.55
变异系数（%）	8.98	17.00	5.84	12.77	5.71	14.03	10.19	13.16	7.68	11.62	7.55	12.49	6.32	14.84	7.53	9.66	7.11	8.35

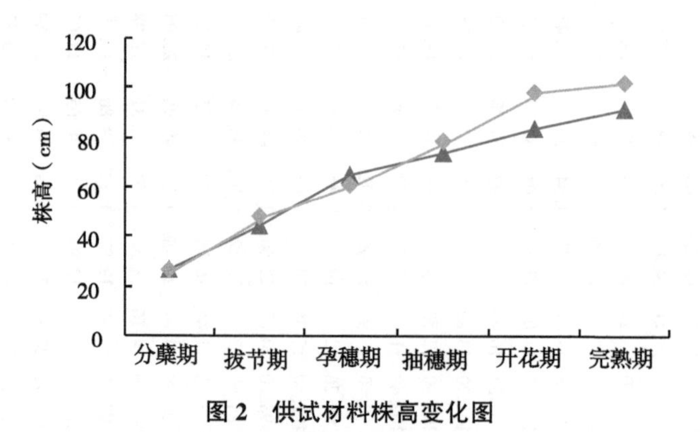

图 2　供试材料株高变化图

注：图中▲代表老芒麦；◆代表垂穗披碱草

在老芒麦叶面积指标中变异系数最大的是拔节期的叶宽，其变异系数达到48.08%，叶面积、叶长、叶周长变异系数最大的时期都是分蘖期，叶片长宽比变异系数最大的时期是拔节期；而垂穗披碱草在分蘖期的叶宽变异系数最大，达到了22.00%，叶面积、叶长、叶周长变异系数最大的时期都是在分蘖期，而叶片长宽比变异系数最大的时期是在孕穗期。总的看来在生长前期的变异系数大于生长后期的变异系数，老芒麦和垂穗披碱草都符合这样的规律。由图3、图4、图5、图6可知，从分蘖期到拔节期是老芒麦和垂穗披碱草叶面积指标变化最快的时期。来自高纬度地区的老芒麦叶面积大于来自低纬度地区；高海拔地区的垂穗披碱草叶面积大于来自低海拔地区。

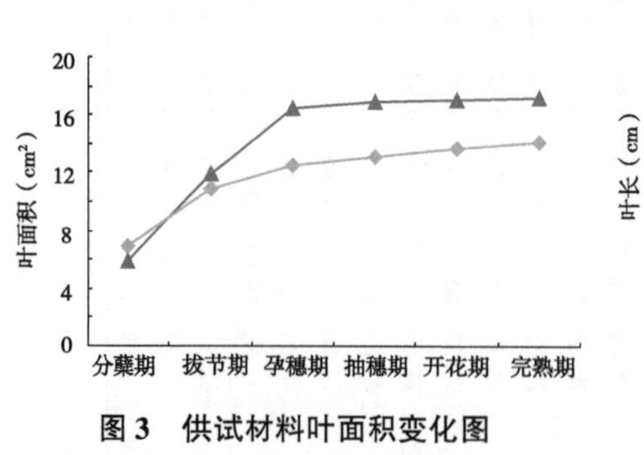

图 3　供试材料叶面积变化图

注：图中▲代表老芒麦；◆代表垂穗披碱草

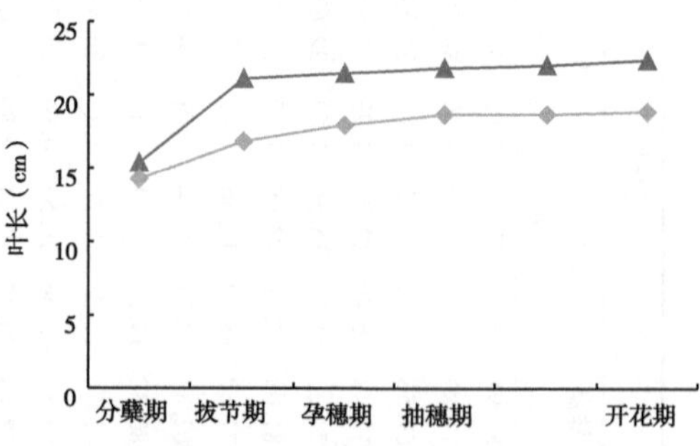

图 4　供试材料叶长变化图

注：图中▲代表老芒麦；◆代表垂穗披碱草

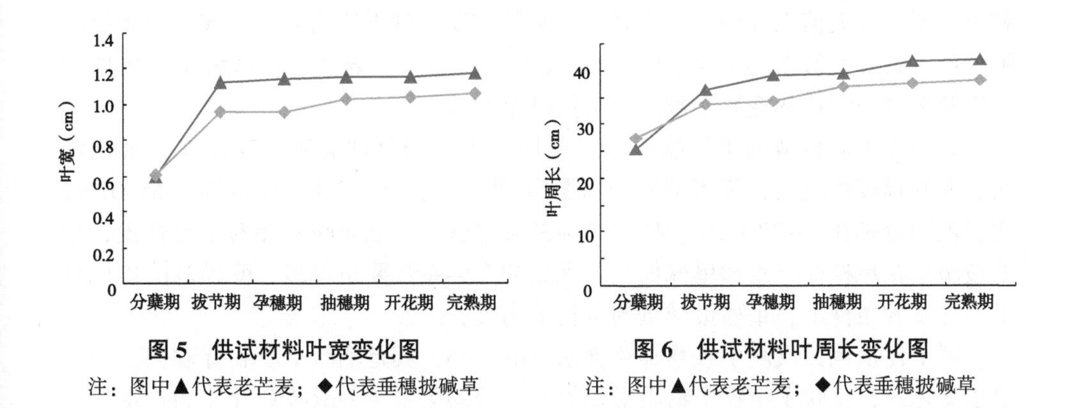

图5　供试材料叶宽变化图

注：图中▲代表老芒麦；◆代表垂穗披碱草

图6　供试材料叶周长变化图

注：图中▲代表老芒麦；◆代表垂穗披碱草

株高和叶面积生长动态是反映牧草生长能力强弱的重要指标，其中株高的增长与草产量增长有紧密的联系，株高和叶面积在一定程度上决定着牧草的利用方式和利用率，牧草的生态型和适应性与试验环境条件的相互作用影响着牧草的株高和叶面积生长动态，即牧草的生长速度；株高和叶面积是牧草产量的决定因素，一般植株高大，叶面积大的植物其生物量也较高，牧草摄取养分、水分的量也比较大，能为牲畜提供的营养也就丰富，所以株高和叶面积在一定程度上可反映牧草的生产潜力及草地生产能力的大小。

本研究发现，老芒麦在分蘖期到孕穗期株高变化幅度最大，而垂穗披碱草是在分蘖期到开花期株高变化幅度最大；老芒麦和垂穗披碱草叶面积指标变化最快的时期都是分蘖期到拔节期，两个种较为一致。且来自高海拔地区的老芒麦株高大于低海拔地区，高纬度地区的垂穗披碱草植株都矮于来自低纬度地区的；高纬度地区的老芒麦叶面积大于来自低纬度地区，而高海拔地区的垂穗披碱草叶面积大于来自低海拔地区。

3. 鲜干比比较

老芒麦单株的鲜干比见表20，单株干重和鲜重最大的都是材料ES024，分别达到了403.76g/株以及933.78g/株，而单株干重和鲜重最小的则是ES031仅为55.24g/株和98.60g/株；鲜干比最大的是材料ES018，单株鲜干比为3.42g/株，最小的仍然是ES031，单株鲜干比为1.78g/株，而且ES031是所有材料中单株鲜干比唯一低于2.00的材料，鲜干比反映了植物干物质量积累与水分的关系，在一定程度上说明牧草可供牲畜利用率的大小，鲜干比较大的则可利用率较大，反之则小。

由表21可知，垂穗披碱草单株鲜重和单株干重的范围介于老芒麦单株鲜重和单株干重最大值以及最小值之间，且垂穗披碱草鲜干比均大于2.00，鲜干比的平均值（2.45）要比老芒麦的平均值（2.39）要大。老芒麦单株鲜重、单株干重以及单株鲜干比的变异系数比垂穗披碱草的大。

老芒麦不同材料的单株穗干重、单株茎干重和单株穗茎干重比差异都比较大，变异幅度也较大，三者的变异系数分别达到了58.72%、32.80%、65.01%，变异范围分别在0~72.62%、46.72%~334.12%、0~0.40%；相对于老芒麦，垂穗披碱草在单株穗干重和单株穗茎干重比的变异系数要小得多，变异范围也比较小，在试验条件下，垂穗披碱草的生长更为整齐。

鲜干比从侧面反映了牧草鲜草含水量的大小，其是晒制干草和青贮饲草的重要依据之一，反映了植物干物质量积累与水分的关系，一般牧草叶片的含水量要比茎秆的含水量大，所以一定条件下鲜干比大的材料，其叶的比例也较大，营养就比较丰富；穗茎干重比反映了牧草穗部和茎秆的比例关系，穗茎干重比较大的材料说明其生殖生长较好，穗茎干重比较小的材料说明其营养生长较好，根据穗茎干重比的大小可以确定牧草的用途，用于产草还是采种子，为牧草的有效利用提供了依据。本试验条件下，不同指标在材料间差异较大，垂穗披碱草的鲜干比以及穗茎干重比均大于老芒麦，老芒麦种内的穗茎干重比差异较大。

4. 穗部生产性能比较

由表20，表21可知，老芒麦的单株穗个数、分蘖数以及抽穗率变异范围都比较大，来自高海拔地区的老芒麦单穗重都比较小，ES004、ES005、ES006、ES012、ES013、ES017、ES018、ES019、ES023、ES028、ES029、ES030以及ES031的单穗重均低于0.25g/个，除ES031外，其余12份材料在抽穗期均表现出了生长的不适应，相比于其他老芒麦材料，这12份材料的单株穗个数以及单株分蘖数也较低；老芒麦单株平均穗个数、分蘖数以及抽穗率分别为88.66%、99.41%、88.99%，三者均低于垂穗披碱草的平均值，而老芒麦的平均单穗重（0.34）大于垂穗披碱草（0.32），结合二者的平均单株穗干重32.35g、44.12g，可以看出在试验条件下垂穗披碱草比老芒麦生长更为整齐，能更好的适应试验地环境。

分蘖数、穗个数以及单穗重在一定程度上能反映植物的生产能力以及可利用的潜力，来自高海拔地区的老芒麦单穗重都比较小，供试材料中，ES004、ES005、ES006、ES007、ES012、ES013、ES017、ES018、ES019、ES023、ES028、ES029、ES030的分蘖数、单株穗个数以及单穗重都较小，在生长过程中表现出对试验地环境的不适应，与表型性状研究相似；而ES031的分蘖数、单株穗个数以及单穗重也都较小，但其能很好的适应试验地环境；综合比较，ES010、

ES011、ES014、ES021、ES024、EN010、EN011、EN015 的穗茎干重、分蘖数以及单穗重等表现最好；老芒麦生长的整齐度要低于垂穗披碱草，可能与材料的来源有关。

表 20　老芒麦单株鲜干比及穗部生产性能比较

材料	单株干重（g/株）	单株鲜重（g/株）	单株鲜干比	单株穗干重（g/株）	单株茎干重（g/株）	穗茎干重比	单株穗个数（个/株）	单株分蘖数（枝/株）	单株抽穗率（%）	单穗重（g/个）
ES001	114. 32	270. 90	2. 37	32. 80	81. 52	0. 40	100. 30	111. 20	90. 20	0. 33
ES002	163. 10	366. 82	2. 25	34. 48	138. 62	0. 25	114. 00	121. 10	94. 14	0. 30
ES003	108. 00	270. 06	2. 50	28. 92	79. 08	0. 37	78. 00	83. 75	93. 13	0. 37
ES004	320. 66	697. 44	2. 18	20. 73	299. 93	0. 07	80. 50	132. 60	91. 89	0. 24
ES005	259. 50	596. 58	2. 30	11. 64	247. 86	0. 05	78. 20	129. 30	95. 02	0. 15
ES006	358. 16	749. 34	2. 39	26. 54	331. 62	0. 08	87. 40	130. 20	92. 78	0. 30
ES007	318. 32	758. 98	2. 38	26. 28	292. 04	0. 09	80. 20	127. 40	90. 72	0. 33
ES008	248. 98	640. 94	2. 57	39. 76	209. 22	0. 19	115. 50	126. 90	91. 02	0. 34
ES009	277. 28	656. 72	2. 37	37. 18	240. 10	0. 15	93. 70	101. 20	92. 59	0. 40
ES010	349. 12	778. 14	2. 23	56. 88	292. 24	0. 19	126. 20	137. 80	91. 58	0. 45
ES011	316. 69	869. 64	2. 75	51. 82	264. 87	0. 20	99. 30	110. 90	89. 54	0. 52
ES012	313. 40	737. 48	2. 35	20. 50	292. 90	0. 07	87. 10	122. 30	94. 37	0. 24
ES013	334. 06	736. 02	2. 20	22. 92	311. 14	0. 07	94. 20	131. 90	92. 44	0. 24
ES014	269. 78	594. 48	2. 20	53. 76	216. 02	0. 25	106. 40	107. 10	90. 86	0. 51
ES015	306. 82	722. 12	2. 35	49. 40	257. 42	0. 19	97. 10	106. 90	90. 83	0. 51
ES016	256. 48	648. 32	2. 53	38. 80	217. 68	0. 18	117. 30	109. 30	90. 72	0. 33
ES017	262. 26	592. 92	2. 26	13. 98	248. 28	0. 06	68. 10	123. 80	92. 28	0. 21
ES018	200. 76	687. 36	3. 42	7. 72	193. 04	0. 04	75. 90	118. 10	93. 59	0. 10
ES019	200. 70	570. 62	2. 84	14. 86	185. 84	0. 08	64. 80	120. 00	92. 57	0. 23
ES020	196. 54	464. 16	2. 36	48. 62	147. 92	0. 33	91. 00	97. 90	92. 95	0. 53
ES021	353. 76	926. 92	2. 62	55. 42	298. 34	0. 19	120. 00	130. 20	92. 17	0. 46
ES022	324. 30	780. 46	2. 41	42. 30	282. 00	0. 15	89. 30	97. 40	91. 68	0. 47
ES023	288. 46	599. 32	2. 08	13. 36	275. 10	0. 05	97. 60	116. 50	91. 64	0. 14
ES024	403. 76	933. 78	2. 31	72. 62	331. 14	0. 22	127. 40	134. 50	94. 72	0. 57
ES025	366. 70	829. 10	2. 26	56. 28	310. 42	0. 18	92. 00	100. 50	91. 54	0. 61

（续表）

材料	单株干重（g/株）	单株鲜重（g/株）	单株鲜干比	单株穗干重（g/株）	单株茎干重（g/株）	穗茎干重比	单株穗个数（个/株）	单株分蘖数（枝/株）	单株抽穗率（%）	单穗重（g/个）
ES026	395. 19	835. 66	2. 11	61. 07	334. 12	0. 18	95. 00	104. 80	90. 65	0. 64
ES027	258. 13	567. 20	2. 20	34. 42	223. 71	0. 15	71. 50	79. 40	90. 05	0. 48
ES028	301. 14	788. 90	2. 62	0. 00	301. 14	0. 00	0. 00	131. 20	90. 13	0. 00
ES029	257. 92	679. 60	2. 63	12. 28	245. 64	0. 05	89. 90	119. 20	90. 63	0. 14
ES030	157. 78	388. 70	2. 46	8. 93	148. 85	0. 06	70. 40	108. 00	90. 26	0. 13
ES031	55. 24	98. 60	1. 78	8. 52	46. 72	0. 18	40. 20	44. 30	90. 74	0. 21
平均	268. 95	639. 91	2. 39	32. 35	236. 92	0. 15	88. 66	99. 41	88. 99	0. 34
最大	403. 76	933. 78	3. 42	72. 62	334. 12	0. 40	127. 40	137. 80	95. 02	0. 64
最小	55. 24	98. 60	1. 78	0. 00	46. 72	0. 00	0. 00	44. 30	0. 00	0. 00
标准差	85. 51	197. 34	0. 29	19. 00	77. 72	0. 10	25. 34	20. 98	0. 17	0. 17
变异系数（%）	31. 79	30. 84	12. 13	58. 72	32. 80	65. 01	28. 58	21. 10	18. 63	48. 77

表 21　垂穗披碱草单株鲜干比及穗部生产性能比较

材料	单株干重（g/株）	单株鲜重（g/株）	单株鲜干比	单株穗干重（g/株）	单株茎干重（g/株）	穗茎干重比	单株穗个数（个/株）	单株分蘖数（枝/株）	单株抽穗率（%）	单穗重（g/个）
EN001	152. 60	357. 82	2. 34	39. 98	112. 62	0. 35	145. 20	130. 60	96. 41	0. 33
EN002	233. 42	573. 18	2. 46	42. 18	191. 24	0. 22	124. 10	114. 44	92. 31	0. 30
EN003	317. 10	738. 02	2. 33	54. 16	262. 94	0. 21	112. 40	122. 60	91. 68	0. 37
EN004	71. 28	211. 04	2. 96	20. 84	50. 44	0. 41	85. 50	100. 25	85. 29	0. 26
EN005	161. 00	457. 52	2. 84	37. 56	123. 44	0. 30	87. 20	97. 10	89. 80	0. 15
EN006	230. 58	651. 22	2. 82	57. 94	172. 64	0. 34	109. 40	117. 80	92. 87	0. 30
EN007	246. 06	596. 88	2. 43	56. 48	189. 58	0. 30	101. 70	129. 40	92. 96	0. 33
EN008	119. 78	354. 44	2. 96	19. 28	100. 50	0. 19	53. 10	62. 14	85. 45	0. 34
EN009	203. 28	488. 30	2. 40	49. 16	154. 12	0. 32	116. 40	125. 70	92. 60	0. 40
EN010	239. 14	651. 62	2. 72	62. 00	177. 14	0. 35	116. 50	125. 90	92. 53	0. 45
EN011	258. 06	592. 96	2. 30	49. 18	208. 88	0. 24	110. 00	127. 60	93. 54	0. 52
EN012	193. 70	461. 02	2. 38	38. 24	155. 46	0. 25	90. 90	98. 50	92. 28	0. 24
EN013	252. 08	562. 28	2. 23	40. 00	212. 0888	0. 19	75. 40	81. 80	92. 18	0. 24

（续表）

材料	单株干重（g/株）	单株鲜重（g/株）	单株鲜干比	单株穗干重（g/株）	单株茎干重（g/株）	穗茎干重比	单株穗个数（个/株）	单株分蘖数（枝/株）	单株抽穗率（%）	单穗重（g/个）
EN014	275.59	630.14	2.29	43.34	232.25	0.19	96.10	123.70	92.67	0.51
EN015	231.20	516.78	2.24	43.54	187.66	0.23	105.50	115.60	91.26	0.51
EN016	179.68	395.18	2.20	49.84	129.84	0.38	79.90	86.50	92.37	0.33
EN017	181.58	390.40	2.15	51.06	130.52	0.39	90.00	97.60	92.21	0.21
EN018	152.46	344.14	2.26	37.46	115.00	0.33	79.00	87.90	89.87	0.10
EN019	158.00	353.10	2.23	46.12	111.88	0.41	80.20	90.50	88.62	0.23
平均	202.98	490.84	2.45	44.12	158.85	0.29	97.82	106.61	91.42	0.32
最大	317.10	738.02	2.96	62.00	262.94	0.41	145.20	130.60	96.41	0.52
最小	71.28	211.04	2.15	19.28	50.44	0.19	53.10	62.14	88.62	0.10
标准差	59.45	137.97	0.27	11.11	52.31	0.08	21.17	20.99	0.01	0.12
变异系数（%）	29.29	28.11	10.95	25.17	32.93	26.27	21.64	19.69	1.56	36.83

三、主要农艺性状相关性和熟性

1. 主要农艺性状相关性

供试材料的各主要农艺性状之间存在着一定的联系，供试老芒麦和垂穗披碱草主要农艺性状的相关性分析见表 22、表 23。

由表 22 可知，老芒麦生育期的长短与株高以及茎穗干重比呈极显著负相关，与叶面积呈极显著正相关，和分蘖数呈显著正相关；株高与穗部生产性能指标呈极显著正相关；叶面积与单株鲜干比、茎穗干重比分别呈极显著正相关、极显著负相关；穗部生产性能指标间相关性显著。

表 22　老芒麦主要农艺性状相关性分析

项目	生育期天数	株高	叶面积	单株鲜干比	茎穗干重比	单株穗个数	单株分蘖数	单穗重
生育期天数	1.000 0							
株高	-0.607 2**	1.000 0						
叶面积	0.627 7**	-0.327 1	1.000 0					

（续表）

项目	生育期天数	株高	叶面积	单株鲜干比	茎穗干重比	单株穗个数	单株分蘖数	单穗重
单株鲜干比	0.170 3	−0.077 2	0.473 1**	1.000 0				
茎穗干重比	−0.730 4**	0.768 8**	−0.484 1**	−0.174 6	1.000 0			
单株穗个数	−0.191 1	0.614 7**	−0.263 4	−0.051 1	0.441 6*	1.000 0		
单株分蘖数	0.409 1*	0.601 5**	−0.162 2	0.044 9	0.364 4*	0.803 4**	1.000 0	
单穗重	−0.369 0*	0.706 8**	−0.245 3	−0.242 9	0.625 5**	0.570 6**	0.465 4**	1.000 0

由表23发现，垂穗披碱草生育期的长短与株高呈显著负相关，与叶面积以及单株分蘖数呈显著正相关；株高与茎穗干重比呈及显著正相关。

表23　垂穗披碱草主要农艺性状相关性分析

项目	生育期天数	株高	叶面积	单株鲜干比	茎穗干重比	单株穗个数	单株分蘖数	单穗重
生育期天数	1.000 0							
株高	−0.430 9*	1.000 0						
叶面积	0.528 3*	0.175 9	1.000 0					
单株鲜干比	−0.343 9	0.414 5	−0.470 1*	1.000 0				
茎穗干重比	0.029 2	0.640 4**	−0.168 6	0.063 8	1.000 0			
单株穗个数	−0.194 5	0.012 2	−0.075 1	−0.147 6	0.046 8	1.000 0		
单株分蘖数	0.429 9*	0.032 2	−0.073 9	−0.098 6	0.066 1	0.995 4**	1.000 0	
单穗重	0.262 5	−0.543 3*	−0.024 2	−0.096 9	−0.379 2	0.406 5	0.401 0*	1.000 0

2. 熟性

根据供试材料的生育天数可确定其熟性特征，参照《披碱草属牧草种质资源描述规范和数据标准》和《老芒麦种质资源描述规范和数据标准》所确定的熟性标准，可以判断不同供试材料的熟性，供试的31份老芒麦材料只有2份属于早熟材料（生育天数≤95d），6份属于中熟材料（生育天数在95~115d），23份属于晚熟材料（生育天数≥115d），19份垂穗披碱草15份属于早熟材料，3份属于中熟材料，1份属于晚熟材料，再参照供试材料的各主要农艺性状之间的相关性分析结果可以对材料进行熟性特征归类。由相关性分析结果发现，生育期较长的老芒麦即晚熟老芒麦其植株较矮，叶面积较大，分蘖数较多；而晚熟垂穗披碱草则表现为植株较矮，叶面积较大，分蘖数较多。

第三章　披碱草属牧草染色体核型分析

细胞分类学是从细胞学的特征和性状（如染色体的形态、数目和行为）等方面，研究它们与分类等级之间的关系，探索种群的发育和演化，从而为植物类群的变异和起源提供更多、更广泛、更有根据的资料。细胞学的核型分析作为分类学的重要证据，越来越受到分类学家的重视。实践证明，这些细胞学资料对于植物的分类是很有价值的。细胞分类学是近代新兴的一门学科，它通过对细胞学性状和现象的研究来探讨植物的自然分类、进化关系和起源。

细胞学的核型分析作为分类学的重要证据，并结合形态学、解剖学、遗传学等方面的依据，在解决分类学的疑难问题方面，起过重要的作用，同时也是建立生物学种和建立新的自然分类系统所不可缺少的资料。自从细胞核型分析应用于植物研究以来，利用染色体的形态学证据，有力地促进了系统进化研究的深入，在植物的科间、属间及种间的分类中发挥了至关重要的作用，而染色体显带技术的出现并应用于植物研究后，在种下等级分类、物种变异和分化及形成等方面，取得了一些令人满意的结果。

Stebbins 根据染色体的形态和大小的差异，将核型分为对称和不对称两种类型。一般认为，对称核型是比较原始的类型，而不对称核型是从对称核型衍生出来的，是比较进步的类型。在某些植物中，不对称核型具有较高的选择价值。随着核型不对称性的增加，植物的外部形态也发生变化。Levitzky 观察到毛茛科铁筷子属（*Helleboru*）植物的花部结构最原始，其核型是对称的，而其近缘的乌头属（*Aconitum*）和翠鸟属（*Delphinium*）植物的花部已进化成两侧对称，其核型也进化为不对称的。并且在翠鸟属中，核型对称程度的高低与形态原始性的强度呈正向相关。

综上所述，随着生物的进化，植物细胞的核型也发生着有规律性的改变。据此，我们可以对植物的系统分类提出具有重要价值的参考意见，使植物系统分类的研究更为全面，更具有科学性。

第一节　染色体核型分析

染色体核型又称染色体组型（Karyotype），是指对细胞染色体的数目、形态、长度、带型和着丝粒位置等内容的分析研究。

一、染色体数目

在植物界，染色体数目的变异幅度很大，因此，在所有供染色体计数的材料中，最好以体细胞，尤其是以根尖细胞为最可靠。考虑到植物杂交育种的实际情况，有些珍稀材料个体有限，不可能作大量的细胞学观察统计，在全国第一届植物染色体学术研讨会上，与会者一致约定计数染色体数目，以 30 个细胞以上，其中 85%以上的细胞具恒定一致的染色体数，即可认为是该植物的染色体数目。如果观察材料系混倍体，则应如实记录其染色体数的变异范围和各类细胞的数量或百分比。

二、染色体形态

可作为核型分析的染色体应满足的基本条件：染色体所处的分裂时期应准确可辨；染色体纵向浓缩均匀一致；缢痕清晰。

因此，常以体细胞分裂中期经低温或药物预处理而相对缩短的染色体作为基本形态。

1. 染色体长度

(1) 绝对长度。

经低温或药物处理后的分裂中期染色体，变异于 1～30μm。传统的方法是在放大的照片或根据照相底片或以制片直接放大而绘制的图象上进行测量，以减少误差。放大后的照片可按下式换算成实际长度：

$$绝对长度 = 放大的染色体长度(mm) / 放大倍数 \times 1\,000$$

但随着现代计算机高新技术的应用，许多电脑软件越来越受到人们的青睐。这些软件不仅成本低，并且操作简单，准确性高，为染色体的研究提供了极大的方便。

(2) 相对长度。

计算相对长度值公式如下：

$$相对长度 = 染色体长度 / 染色体总长度 \times 100$$

绝对长度值只有在某些情况下才有相对的比较价值，在许多情况下，它不是一个可靠数值。由于预处理条件和染色体缩短的程度不同，所以，即使同一种植物，不同作者所测得的绝对长度值，也往往有明显差异，这是无法避免的。但是，相对长度值是以百分比表示的长度，它排除了染色体浓缩程度不同或各人取用的细胞不同产生的误差。实践证明，如果排除人为的因素，同一种植物不同作者所测得的相对长度则比较相近。因此，相对长度具有比较可靠的价值。在近年国内外多数核型研究的文献中，往往只用相对长度值，而绝对长度值则只记录其长度的变异范围，作为参考。

2. 形态分类的其他指标

（1）染色体长度比。

这是指核型中最长染色体与最短染色体的比值。在 Stebbins 的核型分类系统中，它是衡量核型对称或不对称的两个主要指标之一。

即染色体长度比=最长染色体长度/最短染色体长度

（2）臂比。

染色体形态分类的重要指标之一。其计算公式如下：

$$臂比=长臂/短臂$$

（3）着丝粒位置。

以上述臂比值确定。参照 Levan 等的命名，经过讨论，略加改动，即均取用小数点后两位数值，以便严格区分，如表 24 所示。

此命名规则的特点是将染色体的一半长度分为两点四区，这四区是等分的。Levan 分析了其他各种关于着丝点的命名法之后指出，这种命名法是较合理。现已为全世界广泛采用。

表 24　染色体类型和染色体臂比值与着丝点位置的关系

臂比值	着丝点位置	命名
1.01~1.70	中部着丝粒区（medianreglon）	m
1.71~3.00	近中着丝粒区（submedianregion）	sm
3.00~7.00	近端着丝点区（subterminalregion）	st
7.01~∞	端部着丝点区（tenllialregion）	t

（4）随体（satellite）。

指的是在少数染色体的臂的末端可见到有小而多呈圆球状的附属物，宛如染色体的小卫星，故命名为卫星（satellite），中文译为随体。通常，次缢痕区至染色体的末端部分，称为随体，具有随体的染色体简称为 SAT-染色体。一般来讲，

90.5%的随体位于染色体的短臂上。在一个真核生物细胞的染色体中，至少有一对染色体具有随体，没有随体的细胞是不能存活的。随体数目的多少与植物种间的倍性高低没有直接相关性。

3. 核型分类

Stebbins 参照植物界特别是毛茛科、菊科和百合科的核型研究资料，根据核型中最长染色体与最短染色体的比值和臂比值两项特征，来区分核型对称和不对称的程度，共分为 12 种类型。如表 25 所示。Stebbins 的基本观点认为，在被子植物中，核型进化的基本趋势是由对称向不对称发展的。系统演化上处于比较古老或原始的植物，大多具有较对称的核型。而不对称的核型则主要见于衍生的、特化的以及比较进化的植物类群中，这种观点已为多数人接受。但在应用此观点时，要根据自己所研究的植物的核型特点，具体情况具体分析。因为植物界千差万别，其进化的策略和机制绝非单一模式。在分析核型的演化方向时，应综合考虑其形态特征，地理分布以及其原始祖先类型的核型特征等，方可得出符合实际的正确结论。

表 25　核型按对称至不对称的分类

最长/最短	臂比值大于 2：1			
	0.00	0.01~0.50	0.50~0.99	1.00
<2：1	1A	2A	3A	4A
(2：1) ~ (4：1)	1B	2B	3B	4B
>4：1	1C	2C	3C	4C

注：1A 为最对称的核型，4C 为最不对称的核型。

4. 核型公式

核型公式是综合核型分析的结果，将核型的主要特征用公式的形式表现出来，简明扼要，便于比较。其通用格式如下例：

$$2n=4x=36=20m+14sm\ (2SAT)\ +2st\ (SAT)$$

其中，$2n$ 表示体细胞染色体，$4x$ 表示倍性，m、sm 和 st 为着丝粒类型，按规则均为小写字母，不可随意改用大写字母。只有真正的臂比值为 1.00 时，才用大写 M，但这种情况只在分析一个细胞时出现，5 个细胞的平均值难以出现此类情况。式中的 SAT 为具随体的染色体。

第二节　披碱草属牧草染色体核型分析

一、材料与方法

1. 供试材料

供试的披碱草属牧草单位编号见表 26，详细信息见附表 1-12。

表 26　供试材料单位编号

种质名称	学名	编号
黑紫披碱草	*Elymus atratus*	EA001
短芒披碱草	*E. breviaristatus*	EB001
圆柱披碱草	*E. cylindricus*	EC003
披碱草	*E. dahuricus*	ED007
青紫披碱草	*E. dahuricus var. violeus*	EDV001
肥披碱草	*E. excelsus*	EE011
垂穗披碱草	*E. nutans*	EN042
紫芒披碱草	*E. purpuraristatus*	EP001
老芒麦	*E. sibiricus*	ES003
无芒披碱草	*E. submuticus*	ESUB002
麦蓍草	*E. tangutorum*	ET001
毛披碱草	*E. villifer*	EV001

2. 染色体制片过程

（1）幼苗培养及取样。

筛选籽粒饱满的种子，放入铺有湿滤纸的培养皿中，置于 22℃、25℃ 和 28℃三个温度培养箱中萌发，最终选取最适温度为 25℃，待根部长到 1.5cm 左右时，于上午 8：00—8：30 取材，可获得较多的细胞分裂相剪取根尖。

（2）预处理。

根尖用清水洗净后，用刀片切取分生区部分 0.5cm 放入青霉素小瓶，然后向其中滴入饱和对二氯苯，室温处理 6h。

（3）固定。

将经过预处理的根尖用蒸馏水清洗干净，然后放入卡诺固定液中，于室温下固定 24h。

(4) 保存。

固定后的根尖先用去蒸馏水彻底清洗干净，然后放入 70%酒精中，于 4℃冰箱中保存备用。

(5) 解离。

材料水洗后采用酶解方法解离，于 2mL 离心管中加入混合酶解液至 37℃水浴锅 17min。

(6) 软化。

蒸馏水冲洗材料，放入 45% 醋酸处理 30min。

(7) 染色。

蒸馏水冲洗材料，用石炭酸品红染液染色 30min。

(8) 制片。

染色后的材料上盖上盖玻片，吸水纸包住后，铅笔头轻敲或拇指轻压。

(9) 镜检。

将制好的片子置于光学显微镜下观察，选取染色体分散良好的片子进行拍照。

3. 数据的获得与处理

核型分析方法根据 Levan 等的命名法则及按李懋学等的标准。每一样品取 30 个中期分裂相细胞进行染色体计数。以 85%分裂相的染色体数目来确定染色体数目。

从上述分裂相中选择图像清晰、染色体分散好、数量完整的 5 个细胞，采用 Motic-BA200 数码显微摄影系统拍照。

数据的获得和处理过程如下。

(1) 用 Motic Images Advanced 3.2 软件分别测量这 5 个细胞所有染色体长臂、短臂的长度。

(2) 利用 Excel 办公软件计算出染色体绝对长度和臂比，并判断染色体类型，由此将每个细胞中的同源染色体进行配对。

(3) 对每个细胞中配对的同源染色体，算出其长臂、短臂的平均值，得出这个细胞的每对染色体的长臂与短臂值。

(4) 分别计算 5 个分裂相染色体的长臂与短臂的平均值，得出该种植物核型分析的原始数据（包括长臂与短臂的长度）。

利用 Excel 办公软件计算出染色体的相对长度等核型参数。根据核型参数及配对的同源染色体，采用 Karyo3.1 染色体分析软件，制出染色体核型图。根据染色体的相对长度，利用 Excel 办公软件作出染色体组型图。

（5）根据谭远德等（1993）提出的方法计算核型似近系数（λ），其公式为：

$$\lambda = \beta \cdot \gamma$$

式中 β 为距近系数：$\beta = 1 - d/D$

上式中 d 为合距，是内距（di）和外距（de）之积的平方根。

$$d = \sqrt{di \cdot de}$$

$$di = \sum_{k=1}^{n} | x_{ik} - x_{jk} |$$

$$de = \left| \sum_{k=1}^{n} | x_{ik} | - \sum_{k=1}^{n} | x_{jk} | \right|$$

其中 D 为和距：

$$D = \sum_{k=1}^{n} | x_{ik} | + \sum_{k=1}^{n} | x_{jk} |$$

γ 为相关系数或相似系数，本章采取下列公式：

$$\gamma_{ij} = \frac{\sum_{k=1}^{n} x_{ik} \cdot x_{jk} - \frac{1}{n}\left(\sum_{k=1}^{n} x_{ik}\right)\left(\sum_{k=1}^{n} x_{jk}\right)}{\sqrt{\sum_{k=1}^{n} (x_{ik} - \bar{x}_i)^2 \cdot \sum_{k=1}^{n} (x_{jk} - \bar{x}_j)^2}}$$

最后采用 SPSS 13.0 软件处理数据，并基于类平均法进行聚类分析。

二、披碱草属牧草的染色体数目

披碱草属 12 种牧草染色体计数见表 27。老芒麦染色体数目是 28 条，为四倍体；无芒披碱草染色体数目是 56 条，为八倍体；其余 10 种披碱草属植物染色体数目均为 42 条，六倍体。

表 27　披碱草属 12 种植物染色体计数

种	出现频率/30 个细胞			百分比%	染色体数目	倍性
	28 条染色体	42 条染色体	56 条染色体			
黑紫披碱草		27		90.00	2n=42	2n=6x
短芒披碱草		27		90.00	2n=42	2n=6x
圆柱披碱草		27		90.00	2n=42	2n=6x
披碱草		26		86.67	2n=42	2n=6x
青紫披碱草		26		86.67	2n=42	2n=6x

（续表）

种	出现频率/30个细胞			百分比%	染色体数目	倍性
	28条染色体	42条染色体	56条染色体			
肥披碱草		28		93.33	2n=42	2n=6x
垂穗披碱草		27		90.00	2n=42	2n=6x
紫芒披碱草		28		93.33	2n=42	2n=6x
老芒麦	26			86.67	2n=28	2n=4x
无芒披碱草			26	86.67	2n=56	2n=8x
麦賨草		28		93.33	2n=42	2n=6x
毛披碱草		26		86.67	2n=42	2n=6x

三、披碱草属牧草染色体核型分析

1. 黑紫披碱草染色体核型分析

通过对黑紫披碱草供试材料中期分裂相的细胞进行观察和统计，黑紫披碱草染色体数为 $2n=6x=42$，共21对染色体，为六倍体植物。核型公式为 $2n=6x=42=30m$（6SAT）+12sm（6SAT），其中有30条染色体为中部着丝粒染色体，第5、第10、第15对染色体上具有随体；其余染色体均为近中着丝粒染色体，第12、第17、第18对染色体上具有随体。染色体组绝对长度变异范围为9.998～5.095μm，最长染色体与最短染色体之比为1.962，染色体的相对长度变化范围为6.541%～3.333%。臂比的变化范围为2.040～1.078，第2对染色体臂比大于2，属于“2A”型。核型不对称系数（As.K%）为58.786%。黑紫披碱草染色体形态及核型见附录13-A，染色体核型参数见表28。

表28　黑紫披碱草染色体核型参数

染色体序号	染色体长度				臂比	染色体类型
	p	q	绝对长度/μm	相对长度/%		
1	4.379	5.619	9.998	6.541	1.283	m
2	2.873	5.859	8.731	5.713	2.040	sm
3	3.112	5.538	8.650	5.659	1.780	sm
4	3.485	4.769	8.254	5.400	1.369	m
5*	3.667	4.168	7.835	5.126	1.137	m

（续表）

染色体序号	染色体长度				臂比	染色体类型
	p	q	绝对长度/μm	相对长度/%		
6	3.245	4.585	7.830	5.123	1.413	m
7	3.621	4.024	7.645	5.002	1.111	m
8	3.550	4.086	7.636	4.996	1.151	m
9	3.068	4.464	7.532	4.928	1.455	m
10*	3.188	4.241	7.429	4.861	1.330	m
11	3.292	4.114	7.406	4.846	1.250	m
12*	2.588	4.409	6.998	4.578	1.704	sm
13	2.884	4.109	6.993	4.575	1.425	m
14	2.421	4.380	6.801	4.450	1.809	sm
15*	3.251	3.504	6.755	4.420	1.078	m
16	2.675	3.972	6.647	4.349	1.485	m
17*	2.241	4.374	6.616	4.328	1.952	sm
18*	2.267	4.252	6.519	4.265	1.875	sm
19	2.390	3.487	5.877	3.845	1.459	m
20	2.610	2.986	5.596	3.661	1.144	m
21	2.186	2.909	5.095	3.333	1.331	m
合计	62.992	89.849	152.841	100.000		
核型类型	2A	核型公式	2n=6x=42=30m（6SAT）+12sm（6SAT）			

注：*为具随体的染色体

2. 短芒披碱草染色体核型分析

短芒披碱草供试材料中期分裂相细胞的观察和统计结果表明，短芒披碱草染色体数2n=6x=42，共21对染色体，为六倍体植物。核型公式为2n=6x=42=38m（8SAT）+4sm，其中有38条染色体为中部着丝粒染色体，其中第2对、第4对、第10对和第13对染色体具有随体；其余均为近中着丝粒染色体，无随体。染色体组绝对长度变异范围为8.479~4.635μm，最长染色体与最短染色体之比为1.829，染色体的相对长度变化范围为6.163%~3.369%。臂比的变化范围为1.907~1.049，没有臂比大于2的染色体，属于“1A”型。核型不对称系数（As.K%）为56.429%。短芒披碱草染色体形态及核型见附录13-B，染色体参数见表29。

表 29 短芒披碱草染色体核型参数

染色体序号	染色体长度				臂比	染色体类型
	p	q	绝对长度/μm	相对长度/%		
1	3.878	4.601	8.479	6.163	1.187	m
2*	3.508	4.189	7.697	5.595	1.194	m
3	2.837	4.815	7.651	5.561	1.697	m
4*	3.511	3.786	7.297	5.304	1.078	m
5	2.981	4.275	7.257	5.274	1.434	m
6	3.483	3.653	7.136	5.187	1.049	m
7	3.301	3.826	7.127	5.181	1.159	m
8	2.825	4.135	6.960	5.059	1.464	m
9	3.015	3.884	6.900	5.015	1.288	m
10*	2.884	3.666	6.549	4.760	1.271	m
11	2.770	3.686	6.455	4.692	1.331	m
12	2.204	4.190	6.394	4.647	1.901	sm
13*	2.855	3.334	6.188	4.498	1.168	m
14	2.932	3.223	6.155	4.474	1.099	m
15	2.072	3.951	6.023	4.377	1.907	sm
16	2.617	3.334	5.951	4.326	1.274	m
17	2.674	3.213	5.888	4.279	1.202	m
18	2.594	3.200	5.794	4.211	1.233	m
19	2.270	3.311	5.580	4.056	1.458	m
20	2.599	2.867	5.466	3.973	1.103	m
21	2.138	2.497	4.635	3.369	1.168	m
合计	59.947	77.635	137.581	100.000		
核型类型	1A	核型公式	2n=6x=42=38m（8SAT）+4sm			

注：* 为具随体的染色体

3. 圆柱披碱草染色体核型分析

圆柱披碱草供试材料中期分裂相的细胞的观察和统计结果表明，圆柱披碱草染色体数为 2n=6x=42，共 21 对染色体，为六倍体植物。核型公式为 2n=6x=42=38m（6SAT）+4sm，其中有 38 条染色体为中部着丝粒染色体，第 5、第 11、第 17 对染色体上具有随体。其余染色体均为近中着丝粒染色体。染色体组绝对长度变异范围为 7.599~2.965μm，最长染色体与最短染色体之比为 2.563。染色体的相对长度变化范围为 7.355%~2.870%。臂比的变化范围为 1.944~1.094，没有臂比大于 2 的染色体，属于“1B”型。核型不对称系数（As. K%）为 58.932%。圆柱披碱草染色体形态及核型见图附录 13-C，染色体参数见表 30。

表 30　圆柱披碱草染色体核型参数

染色体序号	染色体长度				臂比	染色体类型
	p	q	绝对长度/μm	相对长度/%		
1	3.264	4.336	7.599	7.355	1.329	m
2	3.175	3.992	7.168	6.937	1.257	m
3	2.820	3.760	6.580	6.369	1.334	m
4	2.316	3.917	6.233	6.033	1.691	m
5*	2.546	3.451	5.997	5.805	1.355	m
6	2.069	3.719	5.788	5.602	1.797	sm
7	2.183	3.326	5.509	5.332	1.524	m
8	2.347	3.104	5.450	5.275	1.323	m
9	2.061	3.288	5.349	5.177	1.595	m
10	1.968	3.064	5.032	4.870	1.556	m
11*	1.912	2.631	4.543	4.397	1.376	m
12	1.840	2.656	4.497	4.352	1.444	m
13	1.785	2.654	4.440	4.297	1.487	m
14	1.606	2.513	4.119	3.987	1.565	m
15	1.564	2.382	3.946	3.819	1.523	m
16	1.870	2.046	3.916	3.791	1.094	m
17*	1.807	2.097	3.905	3.779	1.160	m
18	1.263	2.455	3.717	3.598	1.944	sm
19	1.536	1.920	3.456	3.345	1.251	m
20	1.186	1.922	3.109	3.009	1.620	m
21	1.312	1.653	2.965	2.870	1.261	m
合计	42.430	60.887	103.317	100.00		
核型类型	1B	核型公式	2n=6x=42=38m（6SAT）+4sm			

注：* 为具随体的染色体

4. 披碱草染色体核型分析

披碱草供试材料中期分裂相的细胞的观察和统计结果表明，披碱草染色体数为 2n=6x=42（图 13），共 21 对染色体，为六倍体植物。核型公式为 2n=6x=42=34m（4SAT）+8sm，其中有 34 条染色体为中部着丝粒染色体，第 2 对和第 10 对染色体上具有随体；其余均为近中着丝粒染色体，无随体。染色体组绝对长度变异范围为 12.661～6.066μm，最长染色体与最短染色体之比为 2.087，染色体的相对长度变化范围为 7.206%～3.452%。臂比的变化范围为 2.558～1.019，第 15 对染色体臂比大于 2，属于“2B”型。核型不对称系数（As. K%）为 57.205%。披碱草染色体形态及核型见附录 13-D，染色体参数见表 31。

表 31　披碱草染色体核型参数

染色体序号	染色体长度				臂比	染色体类型
	p	q	绝对长度/μm	相对长度/%		
1	4.868	7.792	12.661	7.206	1.601	m
2*	5.010	5.185	10.195	5.803	1.035	m
3	3.969	6.075	10.045	5.717	1.531	m
4	3.453	6.321	9.774	5.563	1.831	sm
5	4.218	5.224	9.442	5.374	1.239	m
6	4.164	5.180	9.344	5.318	1.244	m
7	4.398	4.481	8.879	5.054	1.019	m
8	3.990	4.861	8.851	5.037	1.218	m
9	3.762	4.869	8.631	4.912	1.294	m
10*	3.632	4.914	8.546	4.864	1.353	m
11	3.858	4.656	8.514	4.846	1.207	m
12	4.063	4.196	8.259	4.700	1.033	m
13	3.661	4.566	8.226	4.682	1.247	m
14	3.610	4.418	8.027	4.569	1.224	m
15	2.050	5.243	7.293	4.150	2.558	sm
16	3.297	3.945	7.242	4.122	1.196	m
17	2.378	4.496	6.874	3.912	1.890	sm
18	3.017	3.527	6.544	3.724	1.169	m
19	2.288	3.910	6.199	3.528	1.709	sm

（续表）

染色体序号	染色体长度				臂比	染色体类型
	p	q	绝对长度/μm	相对长度/%		
20	2.560	3.533	6.094	3.468	1.380	m
21	2.947	3.119	6.065	3.452	1.058	m
合计	75.193	100.512	175.705	100.000		
核型类型	2B	核型公式	2n=6x=42=34m（4SAT）+8sm			

注：* 为具随体的染色体

5. 青紫披碱草染色体核型分析

通过对青紫披碱草供试材料中期分裂相的细胞进行观察和统计得出，青紫披碱草染色体数为 2n=6x=42，共 21 对染色体，为六倍体植物。核型公式为 2n=6x=42=34m（2SAT）+8sm，其中有 34 条染色体为中部着丝粒染色体，第 3 对和第 15 对染色体上具有随体；其余染色体均为近中着丝粒染色体，无随体。染色体组绝对长度变异范围为 7.404～3.609μm，最长染色体与最短染色体之比为 2.05，染色体的相对长度变化范围为 6.50%～3.17%。臂比的变化范围为 2.703～1.075，第 11 对染色体臂比大于 2，属于“2B”型。核型不对称系数（As. K%）为 57.522%。披碱草染色体形态及核型见附录 13-E，染色体参数见表 32。

表 32　青紫披碱草染色体核型参数

染色体序号	染色体长度				臂比	染色体类型
	p	q	绝对长度/μm	相对长度/%		
1	4.334	3.070	7.404	6.498	1.412	m
2	3.660	2.921	6.580	5.775	1.253	m
3*	3.451	3.098	6.549	5.747	1.114	m
4	3.695	2.657	6.352	5.574	1.391	m
5	3.498	2.657	6.155	5.402	1.316	m
6	3.702	2.406	6.108	5.360	1.539	m
7	3.354	2.745	6.100	5.353	1.222	m
8	3.134	2.689	5.823	5.110	1.165	m
9	3.621	2.034	5.655	4.963	1.781	m
10	3.111	2.250	5.362	4.705	1.383	m
11	3.904	1.445	5.349	4.694	2.703	sm

（续表）

染色体序号	染色体长度				臂比	染色体类型
	p	q	绝对长度/μm	相对长度/%		
12	3.033	2.269	5.301	4.652	1.337	m
13	2.643	2.458	5.101	4.477	1.075	m
14	2.669	2.240	4.909	4.308	1.192	m
15*	2.512	2.332	4.844	4.251	1.077	m
16	2.714	2.116	4.831	4.239	1.282	m
17	3.115	1.675	4.790	4.204	1.859	sm
18	2.648	2.029	4.678	4.105	1.305	m
19	2.415	1.987	4.402	3.863	1.216	m
20	2.185	1.862	4.047	3.551	1.174	m
21	2.147	1.462	3.609	3.167	1.469	m
合计	65.544	48.402	113.946	100.000		
核型类型	2B	核型公式	2n=6x=42=34m（4SAT）+8sm			

注：*为具随体的染色体

6. 肥披碱草染色体核型分析

肥披碱草供试材料中期分裂相的细胞的观察和统计结果表明，肥披碱草染色体数为2n=6x=42，共21对染色体，为六倍体植物。核型公式为 2n=6x=42=34m（2SAT）+8sm，其中有34条染色体为中部着丝粒染色体，第16对染色体上具有随体；其余染色体均为近中着丝粒染色体，无随体。染色体组绝对长度变异范围为7.803~4.081μm，最长染色体与最短染色体之比为1.912。染色体的相对长度变化范围为6.443%~3.370%。臂比的变化范围为2.504~1.103，第6对染色体臂比大于2，属于“2A”型。核型不对称系数（As.K%）为58.896%。肥披碱草染色体形态及核型见附录13-F，染色体核型参数见表33。

表33　肥披碱草染色体核型参数

染色体序号	染色体长度				臂比	染色体类型
	p	q	绝对长度/μm	相对长度/%		
1	3.646	4.157	7.803	6.443	1.140	m
2	2.378	4.399	6.776	5.595	1.850	sm
3	2.696	4.045	6.741	5.566	1.500	m

（续表）

染色体序号	染色体长度				臂比	染色体类型
	p	q	绝对长度/μm	相对长度/%		
4	2.750	3.902	6.652	5.493	1.419	m
5	2.820	3.552	6.371	5.261	1.260	m
6	1.807	4.525	6.332	5.228	2.504	sm
7	2.880	3.276	6.156	5.083	1.137	m
8	2.352	3.776	6.128	5.060	1.606	m
9	1.774	4.250	6.024	4.974	2.396	sm
10	2.194	3.486	5.679	4.689	1.589	m
11	2.681	2.973	5.653	4.668	1.109	m
12	2.550	3.011	5.561	4.591	1.181	m
13	2.588	2.854	5.442	4.494	1.103	m
14	2.299	3.136	5.435	4.488	1.364	m
15	2.429	2.984	5.413	4.470	1.228	m
16*	2.449	2.862	5.312	4.386	1.169	m
17	2.095	3.209	5.304	4.379	1.532	m
18	2.215	3.010	5.225	4.314	1.359	m
19	2.020	2.795	4.815	3.976	1.383	m
20	1.659	2.548	4.207	3.474	1.536	m
21	1.500	2.581	4.081	3.370	1.721	sm
合计	49.782	71.329	121.110	100.000		
核型类型	2A	核型公式	2n=6x=42=34m（2SAT）+8sm			

注：* 为具随体的染色体

7. 垂穗披碱草染色体核型分析

垂穗披碱草供试材料中期分裂相细胞的观察和统计结果表明，垂穗披碱草染色体数为 2n=6x=42，共 21 对染色体，为六倍体植物。核型公式为 2n = 6x = 42=38m（4SAT）+4sm，其中有 38 条染色体为中部着丝粒染色体，第 16 对和第 18 对染色体上具有随体；其余染色体均为近中着丝粒染色体，无随体。染色体组绝对长度变异范围为 8.022～3.125μm，最长染色体与最短染色体之比为 2.567，染色体的相对长度变化范围为 7.285%～2.838%。臂比的变化范围为 1.031～1.837，没有臂比大于 2 的染色体，属于“1B”型。核型不对称系数

（As. K%）为 56. 687%。垂穗披碱草染色体形态及核型见附录 13-G，染色体核型参数见表 34。

表 34　垂穗披碱草染色体核型参数

染色体序号	染色体长度				臂比	染色体类型
	p	q	绝对长度/μm	相对长度/%		
1	3. 563	4. 459	8. 022	7. 285	1. 252	m
2	3. 238	4. 119	7. 357	6. 680	1. 272	m
3	3. 071	3. 908	6. 980	6. 338	1. 272	m
4	2. 953	3. 479	6. 432	5. 840	1. 178	m
5	2. 741	3. 479	6. 220	5. 648	1. 270	m
6	2. 635	3. 499	6. 134	5. 570	1. 328	m
7	2. 641	3. 162	5. 803	5. 269	1. 197	m
8	2. 307	3. 044	5. 351	4. 859	1. 319	m
9	2. 414	2. 898	5. 312	4. 823	1. 201	m
10	2. 472	2. 769	5. 241	4. 759	1. 120	m
11	1. 787	3. 283	5. 069	4. 603	1. 837	sm
12	2. 156	2. 832	4. 988	4. 529	1. 314	m
13	2. 083	2. 760	4. 843	4. 397	1. 325	m
14	1. 684	2. 899	4. 583	4. 162	1. 722	sm
15	1. 990	2. 586	4. 576	4. 155	1. 300	m
16*	1. 806	2. 740	4. 546	4. 128	1. 517	m
17	1. 926	2. 261	4. 187	3. 802	1. 174	m
18*	1. 653	2. 500	4. 153	3. 771	1. 512	m
19	1. 868	1. 926	3. 794	3. 445	1. 031	m
20	1. 548	1. 865	3. 413	3. 099	1. 205	m
21	1. 164	1. 961	3. 125	2. 838	1. 685	m
合计	47. 700	62. 428	110. 127	100. 000		
核型类型	1B	核型公式	2n=6x=42=38m（4SAT）+4sm			

注：* 为具随体的染色体

8. 紫芒披碱草染色体核型分析

通过对紫芒披碱草供试材料中期分裂相的细胞进行观察和统计，紫芒披碱草染色体数为 2n=6x=42，共 21 对染色体，为六倍体植物。核型公式为 2n=6x=42=38m+4sm，其中有 38 条染色体为中部着丝粒染色体（m），其余染色体均为近中着丝粒染色体（sm），均无随体。染色体组绝对长度变异范围为 8.426~3.457μm，最长染色体与最短染色体之比为 2.437。染色体的相对长度变化范围为 7.58%~3.11%。臂比的变化范围为 2.149~1.103，第 10 对染色体臂比大于 2，属于“1B”型。核型不对称系数（As.K%）为 58.791%。紫芒披碱草染色体形态及核型见附录 13-H，染色体核型参数见表 35。

表 35 紫芒披碱草染色体核型参数

染色体序号	染色体长度				臂比	染色体类型
	p	q	绝对长度/μm	相对长度/%		
1	3.095	5.331	8.426	7.581	1.722	sm
2	3.325	4.090	7.415	6.672	1.230	m
3	2.796	4.617	7.413	6.670	1.652	m
4	2.598	4.137	6.734	6.059	1.592	m
5	2.912	3.383	6.295	5.664	1.162	m
6	2.474	3.199	5.673	5.104	1.293	m
7	2.470	2.929	5.399	4.858	1.186	m
8	1.727	3.450	5.177	4.658	1.998	sm
9	2.042	3.084	5.126	4.612	1.510	m
10	1.827	3.297	5.124	4.610	1.805	sm
11	2.308	2.643	4.952	4.455	1.145	m
12	2.312	2.579	4.891	4.401	1.115	m
13	1.868	2.994	4.862	4.374	1.602	m
14	1.839	2.915	4.753	4.277	1.585	m
15	2.075	2.555	4.631	4.166	1.231	m
16	1.540	3.071	4.611	4.149	1.994	sm
17	2.045	2.508	4.553	4.096	1.226	m
18	1.912	2.485	4.397	3.956	1.299	m
19	1.746	2.024	3.770	3.392	1.159	m
20	1.446	2.038	3.485	3.135	1.410	m
21	1.644	1.813	3.457	3.111	1.103	m

（续表）

染色体序号	染色体长度				臂比	染色体类型
	p	q	绝对长度/μm	相对长度/%		
合计	45.801	65.342	111.143	100.000		
核型类型	1B	核型公式	2n=6x=42=34m+8sm			

9. 老芒麦染色体核型分析

通过对老芒麦供试材料中期分裂相的细胞进行观察和统计，老芒麦染色体数为 2n=4x=28，共 14 对染色体，为四倍体植物。核型公式为 2n = 4x = 28 = 24m（2SAT）+4sm，其中有 24 条染色体为中部着丝粒染色体，第 12 对染色体上具有随体。其余染色体均为近中着丝粒染色体（sm）。染色体组绝对长度变异范围为 11.796~5.799μm，最长染色体与最短染色体之比为 2.034，染色体的相对长度变化范围为 9.592%~4.716%。臂比的变化范围为 1.214~2.039，第 2 对染色体臂比大于 2：1，属于“2B”型。核型不对称系数（As. K%）为 60.140%。老芒麦染色体形态及核型见附录 13-I，染色体参数见表 36。

表 36　老芒麦染色体核型参数

染色体序号	染色体长度				臂比	染色体类型
	p	q	绝对长度/μm	相对长度/%		
1	4.938	6.858	11.796	9.592	1.389	m
2	3.649	7.441	11.090	9.018	2.039	sm
3	4.038	6.134	10.172	8.272	1.519	m
4	3.583	6.254	9.838	7.999	1.745	sm
5	4.265	5.295	9.561	7.774	1.241	m
6	3.592	5.655	9.247	7.519	1.574	m
7	3.468	5.405	8.873	7.215	1.558	m
8	3.376	5.306	8.681	7.059	1.572	m
9	3.360	5.036	8.395	6.827	1.499	m
10	3.315	4.585	7.901	6.424	1.383	m
11	3.314	4.461	7.774	6.322	1.346	m
12	2.707	4.361	7.068	5.747	1.611	m
13	3.064	3.720	6.784	5.517	1.214	m

（续表）

染色体序号	染色体长度				臂比	染色体类型
	p	q	绝对长度/μm	相对长度/%		
14	2.350	3.449	5.799	4.716	1.468	m
合计	49.019	73.959	122.978	100.000		
核型类型	2B	核型公式	2n=4x=28=24m（2SAT）+4sm			

注：* 为具随体的染色体

10. 无芒披碱草染色体核型分析

对无芒披碱草供试材料中期分裂相的细胞进行观察和统计，无芒披碱草数为 2n=8x=56，共 28 对染色体，为八倍体植物。核型公式为 2n = 8x = 56 = 44m（2SAT）+12sm，其中有 44 条染色体为中部着丝粒染色体（m），第 18 对染色体上具有随体。其余染色体均为近中着丝粒染色体（sm）。染色体组绝对长度变异范围为 9.8158~4.1242μm，最长染色体与最短染色体之比为 2.38，染色体的相对长度变化范围为 5.38%~2.26%。臂比的变化范围为 1.065~2.592，有 2 对臂比大于 2 的染色体，属于“2A”型。核型不对称系数（As. K%）为 58.708%。无芒披碱草染色体形态及核型见附录 13-J，染色体核型参数见表 37。

表 37　无芒披碱草染色体核型参数

染色体序号	染色体长度				臂比	染色体类型
	p	q	绝对长度/μm	相对长度/%		
1	4.541 0	5.274 8	9.285 8	5.38	1.162	m
2	4.090 4	4.666 1	8.756 4	4.80	1.141	m
3	3.360 4	5.331 4	8.691 8	4.76	1.587	m
4	2.842 5	5.654 6	8.497 1	4.65	1.989	sm
5	2.498 7	5.994 1	8.492 7	4.65	2.399	sm
6	1.708 7	6.021 2	7.729 9	4.23	1.084	m
7	3.128 9	4.502 3	7.631 1	4.18	1.439	m
8	2.368 6	4.710 4	7.079 0	3.88	1.989	sm
9	3.448 3	3.773 0	7.221 4	3.96	1.094	m
10	2.784 0	4.038 9	6.822 9	3.74	1.451	m
11	1.865 1	4.833 7	6.698 8	3.67	2.592	sm
12	2.617 1	3.813 8	6.430 9	3.52	1.457	m

（续表）

染色体序号	染色体长度				臂比	染色体类型
	p	q	绝对长度/μm	相对长度/%		
13	2.599 5	3.757 0	6.356 5	3.48	1.445	m
14	2.874 6	3.444 3	6.318 9	3.46	1.198	m
15	2.899 4	3.328 5	6.227 9	3.41	1.148	m
16	2.967 4	3.160 4	6.127 8	3.36	1.065	m
17	2.621 4	3.340 6	5.961 9	3.27	1.274	m
18*	2.285 3	3.655 9	5.941 2	3.25	1.600	m
19	2.512 4	3.176 1	5.688 5	3.12	1.264	m
20	2.087 4	3.569 8	5.657 2	3.10	1.710	sm
21	2.485 7	3.052 2	5.537 9	3.03	1.228	m
22	2.542 9	2.932 8	5.475 7	3.00	1.153	m
23	2.282 2	2.994 8	5.277 0	2.89	1.312	m
24	2.406 6	2.773 1	5.179 7	2.84	1.152	m
25	1.785 2	3.334 0	5.119 2	2.80	1.868	sm
26	1.994 9	3.037 6	5.032 5	2.76	1.523	m
27	1.994 9	2.695 7	4.690 6	2.57	1.351	m
28	1.800 3	2.323 9	4.654 2	2.26	1.291	m
合计	75.393 4	107.191 1	182.584 5	100.00		
核型类型	2A	核型公式	2n=8x=56=44m（2SAT）+12sm			

注：* 为具随体的染色体

11. 麦蕒草染色体核型分析

通过对麦蕒草供试材料中期分裂相的细胞进行观察和统计，麦蕒草染色体数为 2n=6x=42，共 21 对染色体，为六倍体植物。核型公式为 2n=6x=42= 38m（8SAT）+4sm，其中有 38 条染色体为中部着丝粒染色体（m），第 6、第 16、第 19、第 21 对染色体上具有随体。其余染色体均为近中着丝粒染色体（sm）。染色体组绝对长度变异范围为 11.470~4.360μm，最长染色体与最短染色体之比为 2.631。染色体的相对长度变化范围为 6.92%~2.63%。臂比的变化范围为 2.215~1.067，第 8 对染色体臂比大于 2，属于“1B”型。核型不对称系数（As. K%）为 57.321%。麦蕒草染色体形态及核型见附录 13-K，染色体参数见表 38。

表 38　麦薲草染色体核型参数

染色体序号	染色体长度				臂比	染色体类型
	p	q	绝对长度/μm	相对长度/%		
1	5.064	6.406	11.470	6.921	1.265	m
2	4.373	5.413	9.785	5.905	1.238	m
3	3.557	6.010	9.567	5.773	1.690	m
4	4.229	5.326	9.555	5.766	1.260	m
5	4.218	5.046	9.264	5.590	1.196	m
6*	3.771	5.285	9.056	5.465	1.402	m
7	3.812	4.708	8.520	5.141	1.235	m
8	2.842	5.652	8.494	5.125	1.989	sm
9	4.148	4.285	8.433	5.089	1.033	m
10	3.460	4.903	8.363	5.047	1.417	m
11	3.065	5.078	8.143	4.913	1.657	m
12	3.701	4.279	7.979	4.815	1.156	m
13	3.820	4.075	7.895	4.764	1.067	m
14	3.118	4.324	7.442	4.491	1.387	m
15	3.219	3.998	7.217	4.355	1.242	m
16*	2.646	3.801	6.447	3.890	1.437	m
17	2.944	3.455	6.399	3.861	1.174	m
18	2.189	3.969	6.158	3.716	1.813	sm
19*	2.659	3.094	5.753	3.471	1.163	m
20	2.366	3.055	5.421	3.271	1.291	m
21*	1.730	2.630	4.360	2.631	1.520	m
合计	70.728	94.993	165.721	100.000		
核型类型	1B	核型公式	2n=6x=42=38m（8SAT）+4sm			

注：* 为具随体的染色体

12. 毛披碱草染色体核型分析

对毛披碱草供试材料中期分裂相的细胞进行观察和统计，结果表明毛披碱草染色体数为 2n=6x=42，共 21 对染色体，为六倍体植物。核型公式为 2n=6x=42=36m（4SAT）+6sm，其中有 36 条染色体为中部着丝粒染色体，第 7 对和第 20 对染色体上具有随体；其余染色体均为近中着丝粒染色体，无随体。染色体组绝对长度变异范围为7.795~4.355μm，最长染色体与最短染色体之比为1.790。染色体的相对长度变化范围为5.748%~3.211%。臂比的变化范围为2.179~1.127，第3对染色体臂比大于2，属于“2A”型。核型不对称系数（As.K%）为58.862%。毛披碱草染色体形态及核型见附录13-L，染色体参数见表39。

表39　毛披碱草染色体核型参数

染色体序号	染色体长度				臂比	染色体类型
	p	q	绝对长度/μm	相对长度/%		
1	3.169	4.626	7.795	5.748	1.460	m
2	3.243	4.242	7.486	5.520	1.308	m
3	2.920	4.473	7.393	5.452	1.532	m
4	3.213	4.052	7.265	5.358	1.261	m
5	3.410	3.853	7.263	5.356	1.130	m
6	2.268	4.942	7.210	5.317	2.179	sm
7*	2.836	4.351	7.186	5.300	1.534	m
8	3.002	3.950	6.952	5.127	1.316	m
9	2.182	4.632	6.814	5.025	2.123	sm
10	2.201	4.451	6.652	4.906	2.022	sm
11	2.762	3.832	6.594	4.863	1.387	m
12	2.882	3.454	6.336	4.673	1.199	m
13	2.662	3.654	6.317	4.658	1.373	m
14	2.671	3.567	6.238	4.600	1.335	m
15	2.371	3.560	5.931	4.374	1.501	m
16	2.316	3.459	5.775	4.259	1.494	m
17	2.622	3.113	5.735	4.229	1.187	m
18	2.493	3.111	5.604	4.133	1.248	m
19	2.605	2.936	5.541	4.086	1.127	m
20*	2.338	2.821	5.159	3.804	1.207	m
21	1.616	2.739	4.355	3.211	1.695	m
合计	55.782	79.818	135.601	100.000		
核型类型	2A	核型公式	2n=6x=42=36m（4SAT）+6sm			

注：*为具随体的染色体

四、披碱草属牧草核型参数分析

对我国野生披碱草属牧草的细胞学特征，包括染色体长度比、相对长度极差、平均相对长度、平均臂比、相对长度变异幅度、臂比变异幅度，臂比大于2∶1染色体的比例及核型不对称系数等核型参数见表40。

表40　供试材料的核型参数

种质名称	长度比	相对长度极差	平均相对长度	平均臂比	变异系数CV/%		臂比大于2∶1比例	核型不对称系数（%）
					相对长度变异幅度	臂比变异幅度		
黑紫披碱草	1.962	3.208	4.762	1.456	11.628	16.050	4.762	58.786
短芒披碱草	1.829	2.794	4.762	1.317	10.960	14.244	0.000	56.429
圆柱披碱草	2.563	4.485	4.762	1.452	22.275	11.717	0.000	58.932
披碱草	2.087	3.754	4.762	1.383	14.623	19.443	4.762	57.205
青紫披碱草	2.052	3.331	4.762	1.393	13.850	16.409	4.762	57.522
肥披碱草	1.912	3.073	4.762	1.480	11.690	18.733	9.524	58.896
垂穗披碱草	2.567	4.447	4.762	1.335	18.910	11.409	0.000	56.687
紫芒披碱草	2.437	4.470	4.762	1.446	18.549	18.387	4.762	58.791
老芒麦	2.034	4.876	7.143	1.511	14.777	9.828	7.143	60.140
无芒披碱草	2.380	3.117	3.571	1.463	17.206	19.956	7.143	58.708
麦薲草	2.631	4.290	4.762	1.374	16.817	15.038	4.762	57.321
毛披碱草	1.790	2.537	4.762	1.458	11.184	15.793	14.286	58.862

由表40可知，我国野生披碱草属牧草染色体长度比范围为1.790~2.631，麦薲草染色体长度比最大，毛披碱草染色体长度比最小。老芒麦染色体的相对长度极差最大为4.876，毛披碱草染色体的相对极差最小为2.537。平均相对长度共有3个值，最大的是老芒麦，为7.143，最小的是无芒披碱草，为3.571，另10种披碱草属牧草的平均相对长度均为4.762。平均臂比值位于1.317~1.511，可以看出本研究中的12种披碱草属牧草的染色体类型接近于中部着丝粒染色体。圆柱披碱草的相对长度变异幅度最大，短芒披碱草的变异幅度最小。短芒披碱草、垂穗披碱草和圆柱披碱草没有臂比大于2的染色体；老芒麦、黑紫披碱草、披碱草、青紫披碱草、麦薲草和紫芒披碱草有1对臂比大于2的染色体；无芒披

碱草和肥披碱草有 2 对臂比大于 2 的染色体；毛披碱草有 3 对臂比大于 2 的染色体。我国野生 12 种披碱草属牧草的核型不对称系数均在 56%以上。

五、披碱草属牧草的核型似近系数分析

按照谭元德提出的公式，对披碱草属牧草的染色体长度比、相对长度极差、平均相对长度、平均臂比、相对长度变异幅度、臂比变异幅度，臂比大于 2：1 染色体的比例及核型不对称系数等 8 个核型参数进行计算，得出核型似近系数（λ），结果见表 41。根据核型似近系数，应用类平均法对披碱草属牧草进行聚类分析。

由表 41 可知，我国野生披碱草属牧草相互之间的核型似近系数范围是 0.994~0.863。聚类分析结果见图 7，老芒麦单独归为一类，另 11 种可归为一类，又可分为两组，第一组为披碱草、青紫披碱草、黑紫披碱草、肥披碱草、无芒披碱草、毛披碱草和短芒披碱草，第二组为紫芒披碱草、圆柱披碱草、麦蕒草和垂穗披碱草。据核型似近系数进行的聚类分析，能够体现披碱草属种间的亲缘关系，聚类结果与形态分类部分吻合。

表 41　供试材料的核型似近系数（λ）

	E1	E2	E3	E4	E5	E6	E7	E8	E9	E10	E11	E12
E1	1.000											
E2	0.891	1.000										
E3	0.950	0.984	1.000									
E4	0.978	0.934	0.899	1.000								
E5	0.940	0.944	0.937	0.951	1.000							
E6	0.963	0.915	0.966	0.922	0.959	1.000						
E7	0.953	0.936	0.947	0.945	0.977	0.994	1.000					
E8	0.948	0.898	0.966	0.885	0.981	0.972	0.956	1.000				
E9	0.927	0.920	0.955	0.951	0.964	0.982	0.978	0.954	1.000			
E10	0.955	0.899	0.915	0.970	0.924	0.944	0.947	0.906	0.973	1.000		
E11	0.934	0.888	0.978	0.925	0.942	0.968	0.953	0.955	0.979	0.939	1.000	
E12	0.940	0.877	0.966	0.863	0.941	0.944	0.935	0.879	0.936	0.878	0.916	1.000

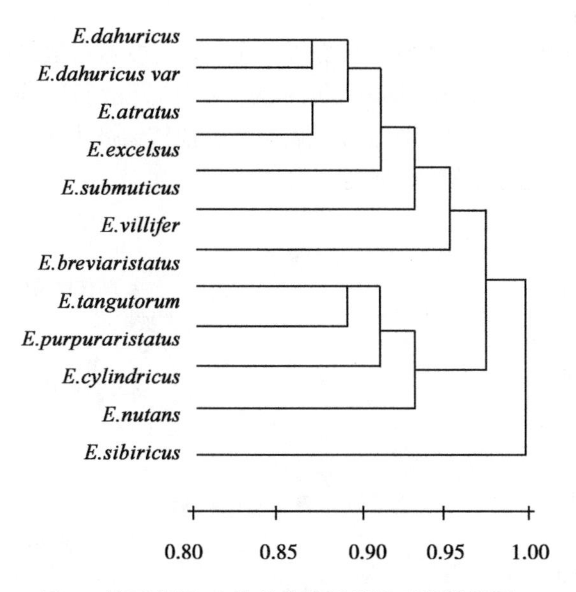

图 7　披碱草属 12 种牧草核型似近系数聚类图

六、我国野生披碱草属牧草进化关系探讨

Stebbins 提出，高等植物核型进化的基本趋势是由对称向不对称方向发展，系统演化上处于古老或原始的植物往往具有较对称的核型，而不对称的核型通常出现在衍生、特化及较进化的植物类群中。核型的不对称性与植物某些器官形态上的特化或进化有一定的联系，能反映核型或植物的进化程度。因此，可以用反映核型不对称性的平均臂比为横坐标，最长与最短染色体比值为纵坐标，绘制各种位点的直角坐标图。从而比较本书中 12 种披碱草属牧草的相对进化程度，结果如图 8 所示，坐标点的相对位置很形象地反映出我国 12 种披碱草属牧草的不对称性和进化程度以及相对关系，越偏右上方的种类其核型不对称性越强，物种的进化程度越高。相反，越靠近左下角的物种其核型的不对称性越低，该物种的进化程度相对也较低。由图 8 可知，核型进化程度由高到低依次为：2B（老芒麦、披碱草、青紫披碱草）>2A（无芒披碱草、黑紫披碱草、肥披碱草、毛披碱草）>1B（垂穗披碱草、麦蕒草、圆柱披碱草、紫芒披碱草）>1A（短芒披碱草）。因此老芒麦、披碱草和青紫披碱草的核型不对称性强，进化程度较高，属于较进化的种；而短芒披碱草的核型不对称性最弱，进化程度较低，属于较进化原始的种。老芒麦和披碱草广泛分布于全国各地，是营养价值很高的优良牧草，并已广泛种植。这些也说明了这两种

植物在变化多端的环境中产生了一定的变异，适应性较强，进化程度较高。而短芒披碱草核型为1A型，染色体最为原始和对称。短芒披碱草数量所剩不多，成为饲用植物中的珍惜物种，分布于我国西北部的一些地势陡峭且环境条件恶劣的地区，呈岛屿状分布，分布面积狭窄对比于披碱草属其他植物极为狭小，其变异小，适应性弱，这与上述进化程度较低相吻合。

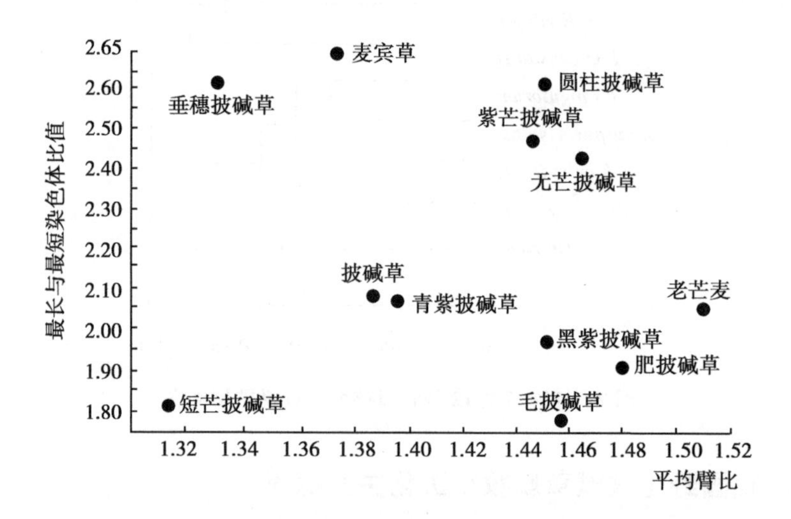

图8　披碱草属牧草核型不对称性程度散布图

第三节　老芒麦种质染色体核型分析

老芒麦种内形态多样性丰富，必定是其内在的遗传基础长期与所生存的环境之间相互作用的结果。染色体是决定生物个体性状的基因载体。染色体数量和结构的变化，在生物进化过程中对物种的形成起着重要作用。通过染色体遗传多样性反映细胞水平的多样性，其最能准确反映生物体细胞的多样性水平。

一、材料与方法

1. 供试材料

供试材料名录见表42。

表 42　供试材料来源

材料	来源地	经度	纬度	海拔（m）
ES001	四川阿坝州松潘县黄龙	10 335	3 248	3 558
ES003	甘肃合作	10 255	3 501	2 960
ES014	青海海晏县金滩乡	10 105	3 648	2 918
ES021	新疆乔尔玛兵站	08 427	4 446	2 322

2. 实验方法

实验方法同本章第二节。

二、染色体核型分析

4 份老芒麦中期分裂相的染色体照片及核型图见附录 13-I、13-M、13-N、13-O，染色体核型模式图见图 9，核型类型及公式见表 43。

ES001 的核型公式为 2n = 4x = 28 = 24m+4sm，四倍体，染色体绝对长度变异范围 8.172～3.850μm，长度比是 2.123，相对长度变化范围 10.121%～4.768%，极差是 5.353%，平均相对长度 7.143%，核型不对称系数（As.K%）为 58.390%，属于“2B”型；

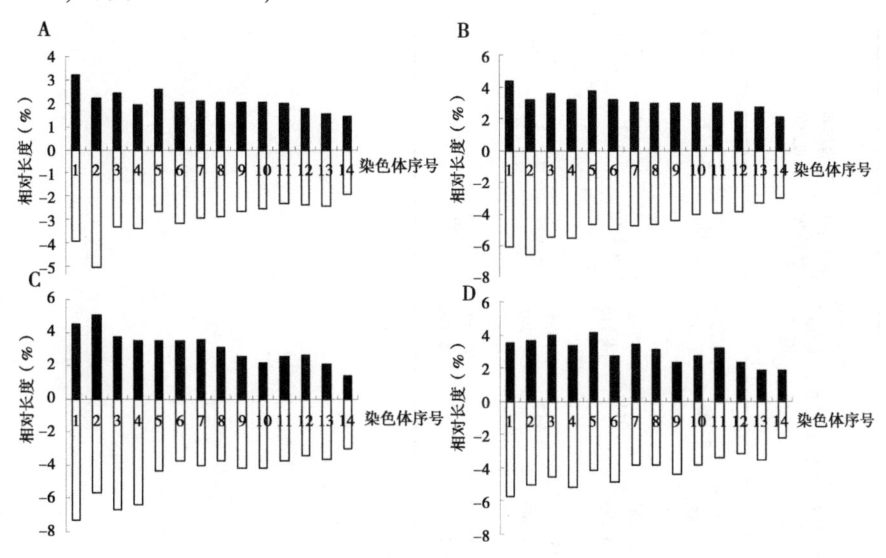

图 9　4 份老芒麦染色体核型模式图

A　ES001　　B　ES003　　C　ES014　　D　E021

表 43　供试材料的核型参数

编号 No.	绝对长度变异范围/μm	长度比/%	相对长度变化范围/%	相对长度极差/%	平均相对长度/%	平均臂比	变异系数		臂比大于 2：1 比例/%	核型不对称系数/%	核型类型	核型公式
							相对长度变异幅度/%	臂比变异幅度				
ES001	8. 172~3. 850	2. 123	10. 121~4. 768	5. 353	7. 143	1. 416	1. 549	0. 306	7. 143	58. 390	2B	2n=4x=28=24m+4sm
ES003	11. 796~5. 799	2. 034	9. 592~4. 716	4. 876	7. 143	1. 511	1. 354	0. 210	7. 143	60. 140	2B	2n= 4x = 28 = 24m （2SAT）+4sm
ES014	13. 444~4. 949	2. 717	10. 975~4. 040	6. 935	7. 143	1. 509	2. 020	0. 348	7. 143	59. 232	2B	2n=4x=28=18m+10sm
ES021	10. 536~4. 677	2. 253	9. 259~4. 110	5. 149	7. 143	1. 411	1. 472	0. 306	0. 000	58. 779	1B	2n=4x=28=22m(2SAT)+6sm（2SAT)

ES003 的核型公式为 2n=4x=28=24m（2SAT）+4sm，四倍体，染色体绝对长度变异范围 11.796~5.799μm，长度比是 2.034，相对长度变化范围 9.592%~4.716%，极差是 4.876%，平均相对长度 7.143%，核型不对称系数（As.K%）为 60.140%，属于"2B"型，第 12 对染色体上有随体；

ES014 的核型公式为 2n=4x=28=18m+10sm，四倍体，染色体绝对长度变异范围 13.444~4.949μm，长度比是 2.717，相对长度变化范围 10.975%~4.040%，极差是 6.935%，平均相对长度 7.143%，核型不对称系数（As.K%）为 59.232%，属于"2B"型；

ES021 的核型公式为 2n=4x=28=22m（2SAT）+6sm（2SAT），四倍体，染色体绝对长度变异范围 10.536~4.677μm，长度比是 2.253，相对长度变化范围 9.259%~4.110%，极差是 5.149%，平均相对长度 7.143%，核型不对称系数（As.K%）为 58.779%，属于"1B"型，第 6 对和第 11 对染色体上有随体。

三、核型似近系数分析

按照谭元德提出的公式，对 4 份老芒麦的细胞学特征——8 个核型参数（包括相对长度极差、平均相对长度、染色体长度比、平均臂比、臂比变异幅度，臂比大于 2∶1 染色体的比例、相对长度变异幅度、核型不对称系数）进行计算，得出核型似近系数（λ），详见表 44，可知，这 4 份材料的核型似近系数范围是 0.994~0.913。

表 44　供试材料的核型似近系数（λ）

	ES001	ES003	ES014	ES021
E001	1.000			
E003	0.994	1.000		
E014	0.978	0.953	1.000	
E021	0.949	0.943	0.913	1.000

本研究中老芒麦的核型公式与刘玉红 24m+4sm（2SAT）的相似，与孙义凯的 20m+8sm（4SAT）、陈仕勇的 22m+6sm（2SAT）以及曹致中的 26m+2sm 不同；核型类型与三者的 1A、2A 和 2A 均不相同，分析差异产生的原因，主要有以下两点，一是由于种内细胞水平的多样性；二是由于预处理条件和染色体缩短的程度不同，即使同一物种，不同作者所测得的绝对长度值，也往往有明显差异。本研究 4 份供试材料的染色体核型是在相同条件下由同一作者测定的，结果

可靠，能充分反映出老芒麦种内细胞水平的多样性。本研究的结果是4份老芒麦的核型公式均不同，类型包括1B和2B，染色体组绝对长度变异范围13.444~3.850μm，相对长度变异范围10.975%~4.040%，平均相对长度均为7.143%，核型不对称系数变异范围为60.140%~58.390%。核型似近系数是从核型的整体结构、单个染色体的形态和染色体结构三个不同层次刻画物种间的等同性或同源性，其可靠程度较高，4份老芒麦相互间的核型似近系数范围是0.994~0.913，平均为0.955，即同一物种染色体同源性较高。

第四章　披碱草属牧草 DNA 多样性分析

DNA 分子标记的基础是 DNA 多态性，是在 DNA 水平上遗传多态性的直接反映，主要是指基因组经 DNA 限制性内切酶酶切、PCR 扩增后，通过电泳检测到的能反映生物基因组变异特征的具有特异性的 DNA 片段。与其他 3 种遗传标记相比，DNA 分子标记优越性较为明显：首先，它直接以 DNA 的形式表现，在植物体各组织、各发育时期均可检测到，不受环境限制，不存在是否表达的问题；其次，分子标记数量较多，几乎遍及生物的整个基因组，检测位点非常多，并且其多态性高，而且自然界本身就存在着许多等位变异，所以不需要专门去创造遗传材料；此外，许多标记表现为共显性，可以鉴别出目标基因是杂合基因还是纯合基因，能提供比较完整的遗传信息。

DNA 分子标记大多以 DNA 片段的电泳谱带形式去表现，依据其遗传特性可分为共显性和显性两种；基于 DNA 分子标记技术，大致可分为五大类，第一类是包括以 Southern 杂交为基础的分子标记技术，如原位杂交（Chromosome in situ hybridization，CISH）、限制性片段长度多态性（Restriction fragment length polymorphism，RFLP）等；第二类包括以 PCR 为基础的分子标记技术，如随机扩增多态性 DNA（Randomly Amplified Polymorphic DNA，RAPD）、简单序列重复（Simple Sequence Repeat，SSR）等；第三类包括以 mRNA 为基础的分子标记技术，如差异显示逆转录 PCR（Differential Display Reverse Transcription PCR，DDRT-PCR）、表达序列标签（Expressed Sequence Tags，ESTs）等；第四类包括以单个核甘酸的变异为核心的分子标记技术，如单核苷酸多态性标记（Single Nucleotide Polymorphism，SNP）；第五类包括以特定序列为核心的分子标记技术，如线粒体 DNA 分子标记（Mitochondrial DNA，mtDNA）。

DNA 分子标记作为一种快速、简捷、有效的检测手段，已经广泛应用于植物分子遗传图谱的建立、遗传多样性分析和种质鉴定、重要农艺性状基因定位与图位克隆、转基因植物鉴定和分子标记辅助育种选育等方面，并取得了惊人的成绩。

第一节 披碱草属牧草RAPD分析

随机扩增DNA多态性（Random amplified polymorphism DNA，RAPD）是Williams和Weish于1990年提出的一种运用随机引物扩增，寻找多态性DNA片断的遗传标记技术。近年来，RAPD技术应用于遗传多样性分析、基因定位、遗传连锁图谱的构建、种子纯度的鉴定、种质鉴定及起源、演化和分类等诸多领域，其在植物系统学研究中应用潜力巨大，通过统计分析，可以为物种进化和分类提供DNA分子水平的证据，对于种、亚种、变种在DNA分子水平的鉴定和演化关系的研究具有重要意义。

一、供试材料

供试材料名录见表26。

二、实验方法

1. 披碱草属牧草基因组DNA的提取

用常规CTAB法提取披碱草属牧草的基因组DNA。

①选择籽粒饱满的种子，放入铺有湿滤纸的培养皿中，置于25℃培养箱中，待发芽后取出培养皿于室温下光照培养，剪取新鲜叶片作为实验材料；

②取0.5g叶片放入预冷的研钵中，迅速加入液氮研磨成粉末，置于灭菌离心管中；

③加入2mL 65℃预热的CTAB提取缓冲液，充分混匀，65℃水浴保温90min，期间不时混匀；

④加入2mL氯仿：异戊醇（24∶1）充分摇匀后，4℃ 6 000 r/min离心15min；

⑤用扩口枪头取上清液移入另一10mL离心管中，加入2/3体积的-20℃预冷的异丙醇，轻轻颠倒摇匀后，-20℃放置20min，在冷冻离心机上于4℃ 6 000r/min离心10min；缓慢倾倒出上清液；

⑥在沉淀中加入1mL 65℃预热的CTAB提取缓冲液，温浴1h，待沉淀充分溶解后，加入1mL氯仿：异戊醇，充分混匀，4℃ 6 000r/min离心10min；

⑦用扩口枪头取上清液移入1.5mL离心管中，加入2/3体积的-20℃预冷的异丙醇，轻轻颠倒摇匀后，-20℃放置2h，在冷冻离心机上于4℃ 6 000r/min离心10min；缓慢倾倒出上清液；

⑧加入 800μL 70%乙醇洗涤，4℃ 6 000r/min 离心 10min，缓慢倾倒出上清液，重复一次后，置于超净工作台上晾干后，根据 DNA 量加入 30~100μL TE 缓冲液放入 4℃冰箱溶解 DNA 2h 或过夜，然后-20℃保存；

⑨配置 0.8%琼脂糖凝胶电泳分析，取 5μL 的样品电泳。

2. 引物的筛选

采用实验室已有的 80 条引物进行筛选，得到稳定有效的随机引物。

3. RAPD 扩增

采用筛选出的随机引物在 Biometra-Tgradient PCR 仪中分别对披碱草属 12 个样品基因组 DNA 进行扩增。

反应体系：5 μL 的 2×Power Taq PCR Master Mix（1×），1μL 随机引物（0.2μmol/L），1μL 模板 DNA（40ng），加灭菌双蒸水，使反应体积达到 10μL。

反应条件：94℃预变性 3min，94℃变性 1min，37℃退火 1min，72℃延伸 1.5min，循环 45 次，72℃延伸 5min，4℃保温 30min。

4. RAPD 扩增产物的检测

将 PCR 扩增产物在 1.0%的琼脂糖凝胶中电泳分离，电压 100V，时间 2h，然后在 Tanon GIS-2010 紫外透射成像系统中观察、照相。

5. 数据收集与处理

利用 Tanon GIS 3.14 软件系统对 PCR 扩增的条带进行分析，DNA 的 RAPD 结果以电泳图谱中带的有无来体现，带的有无代表了扩增模板片段的有无。电泳图谱中的每一个 RAPD 谱带（DNA 片段）均为一个分子标记并代表一个引物结合位点，或者也可看作一个遗传位点。得到迁移率标记多态位点，确认迁移率一致的为同源条带，即等位位点，选择条带误差为±2。在 RAPD 图谱上清晰出现的条带记为“1”，同一位置没有条带的记为“0”，与带的强弱无关。

采用 PopGen 32（population genetic simulator）中 Nei 的方法（1978），对老芒麦种内 16 份材料及 12 种披碱草属牧草种间材料的遗传一致性和遗传距离分析。最后利用 UPGMA 法作出品种聚类树状图。

三、RAPD 分析

1. 基因组 DNA 的电泳结果

披碱草属 12 个样品的基因组 DNA 条带清晰，除少数样品稍有降解外，其余基本没有降解。与 1kb Plus DNA Ladder 分子量参照物进行对比，表明获得了大于 10kb 的大分子量基因组 DNA（图 10）。根据获得的基因组 DNA 浓度及 PCR

扩增时的 DNA 浓度要求，在进行下一步的实验研究时，需对基因组 DNA 进行稀释后使用。

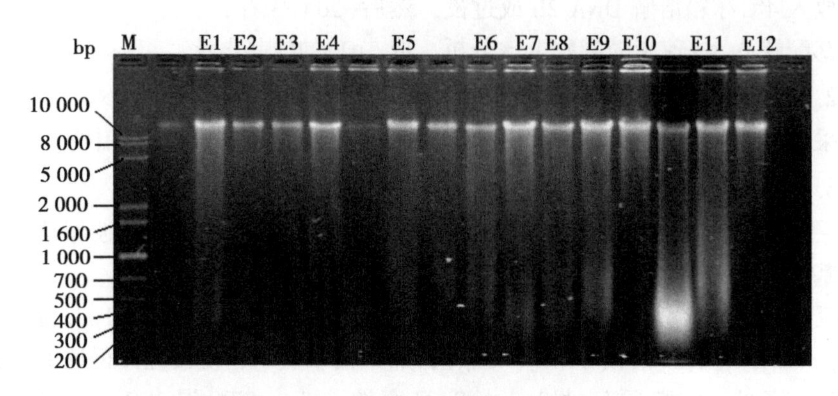

图 10　披碱草属 12 种样品的基因组 DNA 电泳图

M：1kb plus DNA ladder；E1- E12：12 个披碱草属样品（同表 26）

2. 引物筛选结果

本研究从供选的 80 条随机引物中进行筛选，其中 24 条引物扩增后产生不清晰甚至没有出现条带，14 条引物扩增后只出现一条带，42 条引物可以出现多态性带，并从中选择 30 条能够产生稳定性产物的引物进行披碱草属牧草种间多态性分析。引物筛选结果见表 45。

表 45　引物序列

引物编号	核苷酸序列	引物编号	核苷酸序列	引物编号	核苷酸序列
S5	TGCGCCCTTC	S70	TGTCTGGGTG	S1409	GGGCGACTAC
S6	TGCTCTGCCC	S73	AAGCCTCGTC	F91886	GGGATCCGGC
S8	TGCTCTGCCC	S75	GACGGATCAG	F91887	CGTTGGCCCG
S24	AATCGGGCTG	S78	TGAGTGGGTG	F91888	GACCCTCTTG
S29	GGGTAACGCC	S90	AGGGCCGTCT	F91889	CCGCCCGGAT
S33	CAGCACCCAC	S112	ACGCGCATGT	F91891	AGCCGGCCTT
S38	AGGTGACCGT	S133	GGCTGCAGAA	F91892	ATCGGCTGGG
S40	GTTGCGATCC	S134	TGCTGCAGGT	F91893	CTTGCCCACG
S53	GGGGTGACGA	S268	GACTGCCTCT	F91894	GTGGCAAGCC
S66	GAACGGACTC	S269	GTGACCGAGT	F91895	GAAACGGGTC

3. 多态性分析

采用筛选的 30 条有效随机引物，DNA 均扩增出比较清晰整齐的谱带，且大多数条带分离较明显，仅个别条带模糊、不宜统计。由图 11 可以看出，扩增片段主要分布于 200~4 000bp。

利用 Tanon GIS3. 14 软件系统对扩增产物进行分析，数据见表 46。

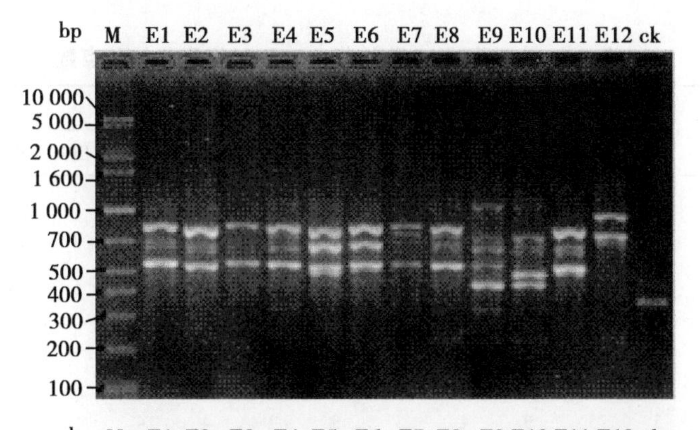

图 11　披碱草属 12 个样品对随机引物 F91889（上）和 F91888（下）扩增产物的电泳图

M：1kb puls DNA ladder，CK：阴性对照 E1- E12：12 个披碱草属样品（同表 26）

12 个披碱草属牧草样品对 30 条随机引物扩增出的总谱带数有 1242 条，每个样品分别平均扩增的出条谱带差异较小，分别为 3. 5 条、3. 1 条、3. 3 条、3. 3 条、3. 4 条、3. 2 条、3. 7 条、3. 7 条、3. 6 条、3. 7 条、3. 5 条和 3. 4 条谱带。不同的引物扩增出的条带数差别较大，有很多随机引物只扩增出 1 条（如 S33 对

E7、S40 对 E2 等)，多至 9 条（S6 对 E9)；同一种引物对不同样品所扩增出的条带数差别也较大，如引物 S40 对 E11 扩增出 7 条谱带，而对 E2 只扩增出 1 条谱带。

披碱草属 12 种牧草样品对 30 条随机引物共扩增出 246 个位点，不同引物所扩增出的位点数差别较大，最多的可出现 12 个位点（F91895)，最少的只有 4 个位点（S78)。

表 46　披碱草属 12 种牧草 RAPD 扩增产物的位点数

引物	位点数	不同样品扩增位点数												合计
		E1	E2	E3	E4	E5	E6	E7	E8	E9	E10	E11	E12	
S5	8	5	2	3	5	5	2	3	4	4	3	3	3	42
S6	10	2	2	2	2	8	7	5	8	9	8	2	7	62
S8	9	4	5	3	2	3	5	2	3	4	5	3	3	42
S24	9	4	7	4	3	4	6	9	6	7	4	4	5	63
S29	8	4	2	3	4	4	2	4	2	3	3	4	4	39
S33	10	5	5	6	4	5	3	1	4	4	5	4	4	50
S38	9	2	3	2	5	3	2	3	2	5	4	2	2	35
S40	7	4	1	2	3	2	2	5	4	5	2	7	5	42
S53	7	5	2	2	3	3	1	3	4	2	5	1	4	35
S66	9	2	6	6	8	5	4	8	7	8	8	3	6	71
S70	8	2	3	4	3	2	2	3	2	4	3	2	2	32
S73	6	3	2	2	2	4	1	2	2	2	2	3	2	27
S75	8	3	2	2	2	3	4	5	3	3	2	3	2	34
S78	4	3	2	2	2	2	2	3	3	2	3	4	2	30
S90	7	3	3	4	2	2	2	2	2	2	2	3	4	31
S112	8	5	2	5	1	1	2	2	3	1	2	3	1	28
S133	8	5	4	2	2	3	3	6	2	5	5	6	3	46
S134	6	2	3	2	4	2	2	2	4	3	4	3	3	34
S268	8	3	3	1	2	3	4	3	1	1	2	4	1	28
S269	7	2	3	2	2	2	2	2	2	2	2	3	2	26
S1409	8	3	3	3	5	2	3	5	3	2	5	2	4	40
F91886	10	4	2	4	4	3	3	3	6	4	2	3	4	42

（续表）

引物	位点数	不同样品扩增位点数												合计
		E1	E2	E3	E4	E5	E6	E7	E8	E9	E10	E11	E12	
F91887	9	5	2	4	3	4	3	2	3	2	2	4	4	38
F91888	9	3	3	6	3	5	4	6	7	4	4	4	6	55
F91889	10	2	2	3	5	6	4	2	4	4	4	3	3	42
F91891	6	4	4	4	3	3	2	2	4	3	4	4	3	40
F91892	8	4	4	3	3	4	5	2	3	4	4	2	4	42
F91893	9	3	4	6	2	3	4	2	3	2	6	6	2	43
F91894	9	2	3	3	3	3	6	6	3	3	3	3	3	41
F91895	12	6	5	3	6	3	5	7	7	4	3	8	5	62
总位点数	246	104	94	98	98	102	97	110	111	108	111	106	103	1 242

4. 聚类分析

由表 47 可知，披碱草属牧草的遗传一致性在 0.7514～0.4859；遗传距离在 0.7218～0.2858。根据所得出的这两项参数运用 UPGMA 法进行聚类分析，详见图 12。披碱草与青紫披碱草的遗传一致性最高，达到 0.7514，表明披碱草和青紫披碱草有着较近的亲缘关系，二者最先聚合；然后又与圆柱披碱草聚合。肥披碱草与麦蕒草的遗传一致性为 0.7175，亲缘关系也较为密切；二者先聚类后又与上述 3 种植物发生聚合，5 种植物的聚合依次与毛披碱草、紫芒披碱草聚为一组。短芒披碱草与无芒披碱草的遗传一致性为 0.7458，先聚合一起，亲缘关系较密切；垂穗披碱草和黑紫披碱草的遗传一致性为 0.7288，也先聚合在一起，亲缘关系也较密切；2 个聚合又聚类组成第二组。上述两组中的 11 种植物聚为一类。而老芒麦单独成为一类，与其他 11 种植物的亲缘关系较远。

研究中，披碱草与青紫披碱草最先聚合，它们之间的亲缘关系较近，与核型似近系数聚类分析结果一致，与青紫披碱草是披碱草的变种，形态上极相似的特征相符。然后二者与圆柱披碱草聚为一支，3 种牧草在形态上有植株均没有白粉，小穗绿色，颖及外稃不具紫红色小点，外稃呈绿色具毛的共同特征而亲缘关系较近；青紫披碱草与圆柱披碱草均来源于海拔 3 000m 以上的高山草地，其遗传背景较相似，这 3 种牧草的 RAPD 法聚类结果与形态特征分类一致。另外，肥披碱草与麦蕒草亲缘关系也较近；两种植物均采自于内蒙古，且形态特征也十分相近。上述 5 种牧草又依次与毛披碱草和紫芒披碱草聚合，成为一组。这一组的

7 种牧草花序均为直立型，颖呈披针形等形态上的共同特征。第二组中，先聚类的短芒披碱草与无芒披碱草亲远关系较近，这两种牧草的外部形态更为相似，很多时候从形态学角度很难区分，而且它们均来自青海海晏县的路边草丛，因此亲缘关系更加密切；另一聚类的垂穗披碱草和黑紫披碱草在形态上具有植株均较为细弱，穗状花序紧密的相同特征。这两组再聚合在一起构成第一类。老芒麦独自成为一类，与其他 11 种牧草亲缘关系较远。这与老芒麦与其他 11 种牧草形态特征差异较大，亲缘关系较远也相符，与核型似近系数聚类分析结果一致。

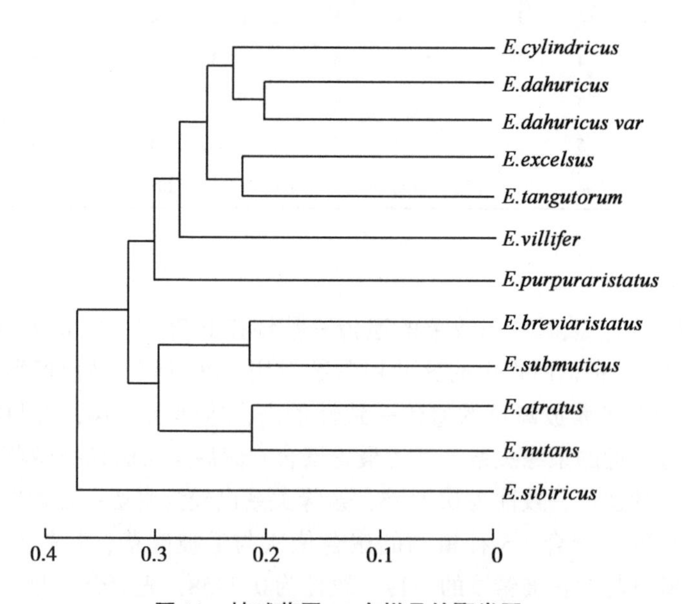

图 12　披碱草属 12 个样品的聚类图

表47　拔碱草属12种牧草的遗传距离和遗传一致性

pop ID	E3	E4	E5	E8	E6	E12	E2	E10	E1	E7	E11	E9
E3	****	0. 711 9	0. 734 5	0. 598 9	0. 689 3	0. 728 8	0. 683 6	0. 632 8	0. 615 8	0. 581 9	0. 678 0	0. 531 1
E4	0. 339 9	****	0. 751 4	0. 649 7	0. 717 5	0. 678 0	0. 700 6	0. 672 3	0. 632 8	0. 621 5	0. 694 9	0. 525 4
E5	0. 308 6	0. 285 8	****	0. 706 2	0. 694 9	0. 689 3	0. 678 0	0. 581 9	0. 598 9	0. 610 2	0. 717 5	0. 514 1
E8	0. 512 7	0. 431 2	0. 347 8	****	0. 672 3	0. 587 6	0. 655 4	0. 593 2	0. 565 0	0. 542 4	0. 661 0	0. 581 9
E6	0. 372 1	0. 332 0	0. 364 0	0. 397 0	****	0. 734 5	0. 644 1	0. 638 4	0. 598 9	0. 598 9	0. 717 5	0. 525 4
E12	0. 316 3	0. 388 7	0. 372 1	0. 531 8	0. 308 6	****	0. 694 9	0. 655 4	0. 604 5	0. 570 6	0. 655 4	0. 531 1
E2	0. 380 4	0. 355 9	0. 388 7	0. 422 6	0. 440 0	0. 364 0	****	0. 745 8	0. 615 8	0. 604 5	0. 678 0	0. 565 0
E10	0. 457 7	0. 397 0	0. 541 4	0. 522 2	0. 448 8	0. 422 6	0. 293 3	****	0. 621 5	0. 644 1	0. 649 7	0. 514 1
E1	0. 484 8	0. 457 7	0. 512 7	0. 571 0	0. 512 7	0. 503 3	0. 484 8	0. 475 7	****	0. 728 8	0. 644 1	0. 485 9
E7	0. 541 4	0. 475 7	0. 494 0	0. 611 8	0. 512 7	0. 561 0	0. 503 3	0. 440 0	0. 316 3	****	0. 644 1	0. 508 5
E11	0. 388 7	0. 364 0	0. 332 0	0. 414 0	0. 332 0	0. 422 6	0. 388 7	0. 431 2	0. 440 0	0. 440 0	****	0. 514 1
E9	0. 632 9	0. 643 6	0. 665 3	0. 541 4	0. 643 6	0. 632 9	0. 571 0	0. 665 3	0. 721 8	0. 676 3	0. 665 3	****

注：对角线以上为遗传一致性，对角线以下是遗传距离

第二节　老芒麦与垂穗披碱草 ISSR 分析

一、材料与方法

1. 供试材料

供试材料同第二章第二节。

2. 实验方法

（1）DNA 提取及纯化。

①取 0.25 g 冷冻备用叶片，剪碎，加入液氮研磨成粉末后装入 1.5 mL 离心管中，迅速加入 1mL 65℃ 预热的 CTAB 提取缓冲液，每管再加 25 μL β-巯基乙醇。

②将装有 CTAB 提取液的 1.5mL 离心管放入 65℃ 水浴中温浴，其间不断上下轻轻摇动，30min 后离心（12 000r/min，6min，4℃）。

③取出离心管取上清液加入等体积的酚：氯仿：异戊醇（25：24：1），上下轻轻摇动 10min，4℃ 抽提 10min，4℃ 离心 10min（7 500r/min），重复 3 次，取上清液。

④加约 1/10 体积 0.2mol/L NaAc，2 倍体积无水乙醇（-20℃），放入 4℃ 冰箱 1h，然后在室温下放置约 15min。

⑤小心倒去上清液，沉淀用 75% 乙醇洗涤 10min，在室温下放置约 5min（或在超净工作台吹干），将沉淀的 DNA 用 50～200μL TE 缓冲液回溶（pH 7.4～8.0），每 100μL DNA 加 2μL Rnase，37℃ 温浴 40min，-20℃ 冰箱保存，备用。

（2）DNA 浓度及纯度检测。

用 UN4802 型紫外分光光度计（UNICO 公司）对 DNA 进行浓度和纯度的检测。用 TE 作对照，将紫外分光光度计校零后，将提取的 DNA 每份吸取 5μL 稀释至 1 000μL，混匀后读取 OD_{260} 以及 OD_{280} 值。当 OD_{260} 以及 OD_{280} 的值介于 1.8～2.0 时，DNA 纯度最好，适宜做 ISSR 分析。根据所测结果，将纯度好的基因组 DNA 用 1×TE 稀释到 30ng/μL。

（3）DNA 质量的检测。

制备浓度为 0.8% 的琼脂糖凝胶，每 100mL 加入 5mL Goldview™ 核酸染料，取 DNA 5μL 与 1μL 6×Loading Buffer 混匀后点样，用 Marker DL15000 作对照，以 1×TAE 为缓冲液，在 80～100V/cm 的电压下电泳 30～40min，在凝胶成像仪中成

像，从而判断基因组 DNA 的质量。

3．ISSR 分析

（1）ISSR 反应体系的优化。

为了保证试验结果的准确性以及重复性，本试验采用正交设计对 ISSR 反应体系进行优化，在确定最佳反应条件时，参照了祁娟（2009）、马啸（2008）的 ISSR 扩增程序和反应体系。

（2）ISSR 反应优化体系的设计。

以引物 UBC822 为试验引物，引物序列为（TC）$_8$A，用 EN001 样品 DNA 作为模板，选用 L_{16}（4^5）正交表对 Mg^{2+}、Taq DNA 聚合酶、模板、dNTPs、引物 5 个因素各 4 个水平设计 PCR 扩增体系的因素-水平试验表，详见表 48。

将 L_{16}（4^5）的处理重复 2 次，PCR 反应体系总体积为 25μL，每个处理中还含有 10×buffer（不含 Mg^{2+}）2. 5μL，用 ddH_2O 补充总体积至 25μL。

表 48　ISSR-PCR 体系的因素水平

因素	水平（体系终浓度）			
	1	2	3	4
TaqDNA 酶（U）	0. 5	1. 0	1. 5	2. 0
Mg^{2+}（mmol/L）	1. 0	1. 5	2. 0	2. 5
模板 DNA（ng）	30	60	90	120
dNTPs（mmol/L）	0. 15	0. 20	0. 25	0. 30
引物（μmol/L）	0. 15	0. 20	0. 25	0. 30

（3）PCR 扩增。

PCR 扩增反应是在 DNAEngine（PTC-200）PCR 仪上进行。PCR 反应程序为：94℃预变性 2min，94℃变性 1min，51℃退火 1min，72℃延伸 2min，共 40 个循环，72℃延伸 10min，扩增完后 4℃保存，用 1. 5%琼脂糖凝胶电泳检测，DL 2 000 为 Marker，在 AlphaImager HP 荧光/可见光凝胶成像分析系统中成像。

①引物退火温度的确定。在试验最佳反应体系确定的基础上，在 DNAEngine（PTC-200）PCR 仪上进行最佳退火温度的筛选，从试验所选的 27 条引物中筛选多态性丰富的引物，根据理论退火温度对每个引物进行退火温度的梯度试验，共设置 8 个梯度：47. 7℃、49. 2℃、51. 5℃、54. 4℃、57. 8℃、

60.6℃、62.8℃、64.4℃。

②循环次数、延伸时间的确定。利用最佳反应体系和最适退火温度对循环次数进行梯度试验，设定梯度为：35 次、37 次、39 次、41 次、43 次和 45 次，每个梯度设 2 个重复；利用最佳反应体系，最适退火温度，最佳循环次数对体系延伸时间进行梯度试验，设 60 s、90 s、120 s 3 个梯度，每个梯度设 2 个重复。

③最佳体系的验证。利用最佳反应体系，即引物的最适退火温度，最适循环数，最适延伸时间对供试材料进行验证，以提高优化体系的稳定性。

（4）引物的筛选。

根据哥伦比亚大学所提供的 ISSR 引物序列，参照祁娟（2009）和马啸（2008）。本试验共选择了 27 条引物供筛选，并由上海生物工程技术有限公司合成，所选引物序列见表 49。

表 49　试验所采用的引物序列

引物	序列（5'→3'）	引物	序列（5'→3'）	引物	序列（5'→3'）
UBC807	$(AG)_8T$	UBC824	$(TC)_8G$	UBC853	$(TC)_8RT$
UBC808	$(AG)_8C$	UBC825	$(AC)_8T$	UBC856	$(AC)_8YA$
UBC810	$(GA)_8T$	UBC835	$(AG)_8YC$	UBC857	$(AC)_8YG$
UBC811	$(GA)_8G$	UBC836	$(AT)_8YA$	UBC860	$(TG)_8RA$
UBC812	$(GA)_8A$	UBC840	$(GA)_8YT$	UBC864	$(ATG)_5$
UBC813	$(CT)_8T$	UBC841	$(GA)_8YC$	UBC873	$(GATA)_4$
UBC815	$(CT)_8G$	UBC842	$(GA)_8YG$	UBC880	$(GGAGA)_3$
UBC818	$(CA)_8G$	UBC844	$(CT)_8RC$	Primer14	$(TC)_8C$
UBC822	$(TC)_8A$	UBC845	$(CT)_8RG$	Primer21	$(AG)_8CC$

（5）PCR 反应及扩增产物的检测。

利用最佳反应体系，对供试材料的 DNA 在 DNAEngine（PTC-200）PCR 仪上进行扩增，扩增产物用 1.5%琼脂糖凝胶电泳进行检测，DL 2 000 作对照，电极缓冲液为 1×TAE，电压为 80~100V/cm，电泳时间为 40min。

4. 数据分析与处理

对 ISSR 扩增产物按条带进行统计时，每个引物可视为一个位点，每条带则视为一个等位基因，相同迁移率清晰可见的强带以及反复出现的弱带记为 1，否则记为 0，形成二元统计数据。利用 POPGENE VERSION 1.31 软件、SPSS 软件以及 Ntsys2.10 软件进行老芒麦和垂穗披碱草相关遗传参数的分析。

二、ISSR 分析

1. DNA 质量的检测

DNA 质量和浓度直接影响 ISSR 扩增的效率以及 ISSR 反应的结果，本试验中每份供试材料采集 10 个单株分蘖期的鲜嫩叶 2~3 片，等量混匀后置于-20℃下保存，采用改进的 CTAB 法对供试材料牧草进行 DNA 提取。通过紫外分光光度计检测，基因组 DNA OD_{260}/OD_{280} 的比值为 1.70~1.90，说明 DNA 纯度比较高。图 13 为部分供试材料基因组 DNA 的琼脂糖电泳结果，由图 13 中可以看出，所提取的目的基因组 DNA 为清晰、无降解的条带，说明 DNA 完整性比较好，可用于 ISSR 扩增反应。

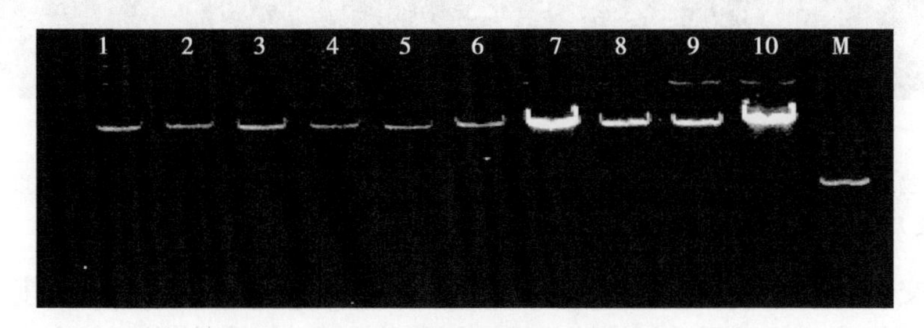

图 13　用 CTAB 法提取的基因组 DNA

2. ISSR 正交反应体系的建立与优化

特异性、高效性以及忠实性是检测 PCR 扩增效果的重要指标，高度特异的 PCR 反应只产生一个扩增结果，而扩增反应越有效，经过相对少的循环数会产生更多的产物，为了得到稳定、理想和准确的试验结果，本研究利用正交设计建立并优化了老芒麦属植物的 ISSR-PCR 反应体系，试验过程中通过直观分析、方差分析以及多重比较对影响 PCR 扩增的各个因素：TaqDNA 聚合酶、Mg^{2+}、模板 DNA、dNTPs、引物等进行了分析，对 ISSR-PCR 反应程序进行了梯度试验，通过对扩增结果的定量和定性分析得到了较为稳定性反应体系和扩增程序。

相对于其他方法正交设计得到的结果更均衡，而且成本较低，但对扩增效果的评价存在一定主观性，不能有效的估计各因素间的交互作用，所以还需更为客观的评价标准。此外，在正交优化设计中设置的浓度梯度时，可采用与单因素试验以及细调性正交试验相结合的方法进一步优化体系。

（1）正交试验结果分析。

①正交试验结果的直观分析。供试材料正交试验的的 PCR 产物电泳结果见图 14，正交试验的结果也不尽相同，原因可能是其组合与最佳组合组分相差较大。1~16 组合扩增出的条带分别为：0、0；4、1；6、1；1、2；8、8；8、9；9、10；10、10；2、0；9、9；10、10；7、9；4、0；8、8；8、7；6、4。可以看出处理 5、6、7、8、10、11、14、15 扩增条带较多，而 6、7、11、15 主带更为清晰明显，因此这 4 个处理在材料中扩增的效果最好。

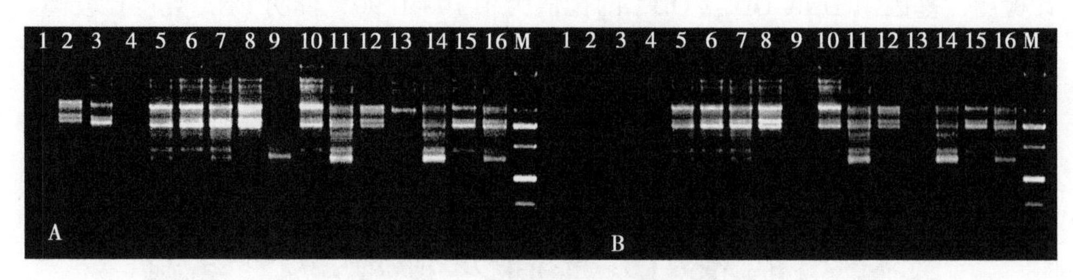

图 14　正交试验 PCR 电泳产物

（引物 UBC822），M 为 DNA marker（DL 2 000），1~16 为正交试验 16 个处理，每个处理重复 2 次。A 为重复 1 结果；B 为重复 2 结果。

正交试验中，一般处理是根据电泳带的带数、亮度以及背景清晰度对每个处理进行打分，然后再进行统计分析，但这种方法主观性较强，每个人打分高低的不同都会影响最终试验结果。为了客观起见，我们对试验结果进行极差分析，参照董如何等的方法，先求出每个因素水平下的条带数的平均值（$\bar{K}i$，i=1，2，3 和 4）、不同因素不同水平下所有扩增条带的平均数（Y）、通过 $\bar{K}_i$ 与 Y 的差值计算出在同一因素不同水平下的最大值（R_{max}）和最小值（R_{min}），二者的差值即为 T（$T=R_{max}-R_{min}$），在变化的水平范围内，不同因素间 T 值最大的对结果造成的影响最大，反之，T 越小，与之对应的那一列的因素试验的结果影响越小。

从表 50 均值分以及表 51 的极差分析可以看出，各因素对供试材料 ISSR-PCR 反应的影响程度从大到小依次为：TaqDNA 聚合酶、Mg^{2+}、引物、dNTPs、模板 DNA。

表 50　因素水平均值分析

K_{ij}	因素（Factors）					Y
	1	2	3	4	5	
K_1	7.500	11.000	23.500	25.500	26.500	
K_2	36.000	28.000	26.000	24.500	18.000	
K_3	28.000	30.500	22.500	25.500	22.000	
K_4	22.500	24.500	22.000	18.500	27.500	$Y=5.875$
$\bar{K}_1$	1.875	2.750	5.875	6.375	6.625	
$\bar{K}_2$	9.000	7.000	6.500	6.125	4.500	
$\bar{K}_3$	7.000	7.625	5.625	6.375	5.500	
$\bar{K}_4$	5.625	6.125	5.500	4.625	6.875	

注：因素 1~5 分别代表 TaqDNA 聚合酶、Mg^{2+}、模板 DNA、dNTPs、引物；K_i代表每个因素同一水平下条带数之和；$\bar{K}_i$ 代表每个因素同一水平下的条带数的平均值；Y 代表不同因素不同水平下所有扩增条带的平均数。

表 51　因素水平极差分析

W_{ij}	水平				R		T
	W_1	W_2	W_3	W_4			
1	-4.000	3.125	1.125	-0.250	$R_{max}=3.125$	$R_{min}=-4.00$	$T_1=7.125$
2	-3.125	1.125	1.750	0.250	$R_{max}=1.75$	$R_{min}=-3.125$	$T_2=4.875$
3	0.000	0.625	-0.250	-0.375 0	$R_{max}=0.625$	$R_{min}=-0.375$	$T_3=1.00$
4	0.500	0.250	0.500	-1.250	$R_{max}=0.5$	$R_{min}=-1.25$	$T_4=1.75$
5	0.750	-1.375	-0.375	1.000	$R_{max}=1.0$	$R_{min}=-1.375$	$T_5=2.375$

注：因素 1~5 分别代表 TaqDNA 聚合酶、Mg^{2+}、模板 DNA、dNTPs、引物；$T=R_{max}-R_{min}$；$W_{ij}=K_{ij}-Y$（其中 i 代表水平，i=1，2，3，和 4；j 代表因素，j=1，2，3，4，和 5）。

②正交试验结果的方差分析。直观分析法比较简单易懂，只需对结果作少量计算，就可以得到最佳配合比以及各因素影响程度，但直观分析法不能估计试验误差，不能说明某因素水平所对应的差异究竟是因素水平引起的还是由试验误差引起的，但方差分析能弥补这个不足，本试验用 SAS 8.0 对试验结果进行方差分析。

各因素对垂穗披碱草 ISSR－PCR 反应的影响程度从大到小依次为：TaqDNA 聚合酶、Mg^{2+}、引物、dNTPs、模板 DNA，结果与极差分析相同，详见表 52。

方差分析的结果表明，模板 DNA 浓度、dNTPs 对结果的影响未达到显著水平；引物浓度对结果的影响达到了显著水平，而 TaqDNA 聚合酶、Mg^{2+}对结果的影响都达到了极显著水平，所以有必要对 TaqDNA 聚合酶用量、Mg^{2+}、引物浓度进行水平间的多重比较，图 15、图 16 以及图 17。

表 52　正交试验的方差分析

变异来源	自由度 DF	方差 SS	均方 MS	F 值	P
Taq	3	216.75	72.25	38.03**	0.000
Mg^{2+}	3	113.25	37.75	19.87**	0.000
模板 DNA	3	4.75	1.58	0.88	0.496 2
dNTPs	3	17.00	5.67	2.98	0.064 8
引物（Primer）	3	28.75	9.58	5.04*	0.013 0
误差（Error）	15	28.50	1.90		
总计（Total）	31	385.00			

注：$F_{0.05}$（3，15）= 3.29，$F_{0.01}$（3，15）= 5.42；* 代表在 0.05 水平上差异显著，** 代表在 0.01 水平上差异显著

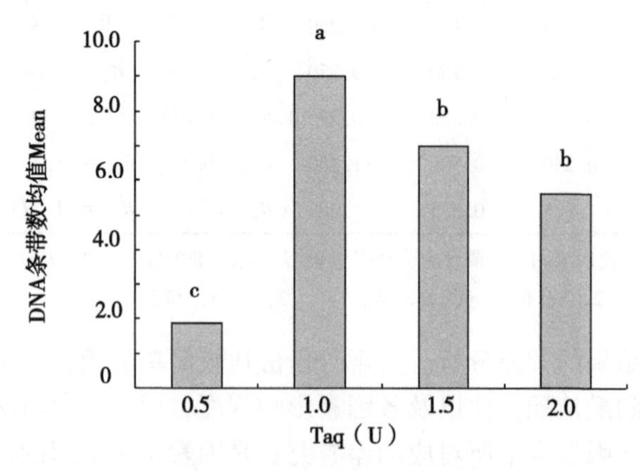

图 15　TaqDNA 聚合酶量与条带均值关系

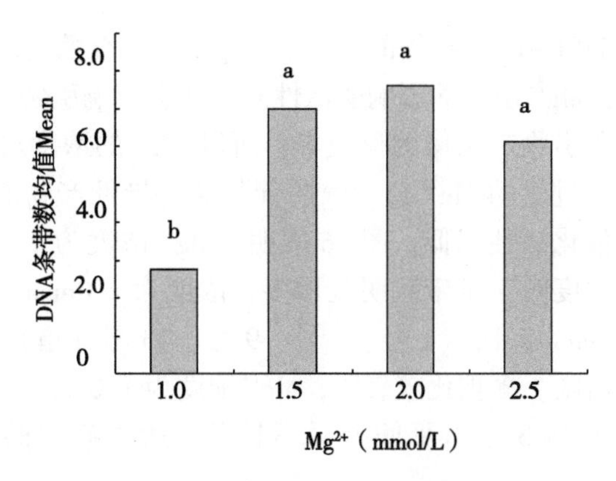

图 16　Mg^{2+}浓度与条带均值关系

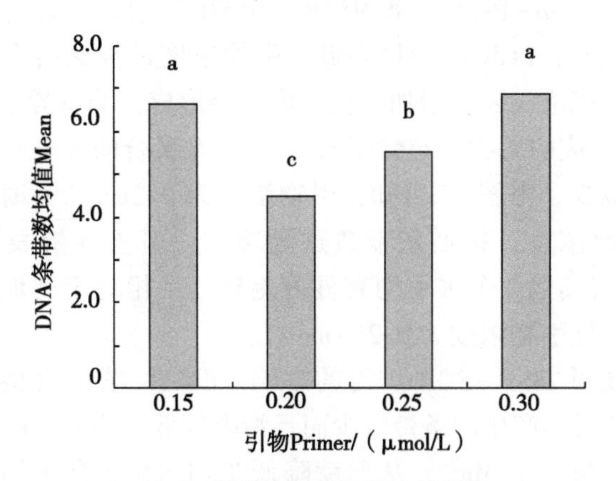

图 17　引物浓度与条带均值关系

（2）各因素对 ISSR-PCR 扩增的影响。

①TaqDNA 聚合酶浓度对 ISSR-PCR 扩增的影响。TaqDNA 聚合酶浓度在 PCR 反应中用量受到反应体积、酶活性、酶特性等因素影响，TaqDNA 聚合酶用量过多会引起非特异性反应，不仅影响检测结果，还会增加试验成本；TaqDNA 聚合酶浓度过低，合成产物的量会减少，也会影响试验结果。通过极差分析和方差分析发现，本试验 TaqDNA 聚合酶用量对试验的结果影响最大，与谢运海等的研究结果相似。当 TaqDNA 聚合酶用量为 1.0U 时，基因组 DNA 扩增效果最好，高于或者低于 1.0U 时，扩增条带数变少。从图 15 可知，TaqDNA 聚合酶为 1.0U 时，条带最清晰，主带最明显，带数更多；经多重比较分析，TaqDNA 聚合酶酶量为 1.0U 时，与 0.5U、1.5U、2.0U 三个水平间差异均达到显著水平。故本试验条件下，TaqDNA 聚合酶的最适用量为 1.0U。

②Mg^{2+}浓度对ISSR-PCR扩增的影响。TaqDNA聚合酶是Mg^{2+}依赖性酶，对Mg^{2+}浓度较为敏感，Mg^{2+}浓度除影响酶活性外，还会影响引物退火、模板与PCR产物的解链温度以及引物二聚体的形成等，所以Mg^{2+}的浓度对PCR产物的特异性和产量影响明显。过量的Mg^{2+}会导致酶催化非特异性产物的扩增，而Mg^{2+}浓度过低，又使酶的催化活性降低。图16表明，Mg^{2+}浓度为1.0mmol/L时扩增条带数最少，高于此浓度时，条带数明显增多，浓度为2.0mmol/L时条带数最多；当Mg^{2+}浓度为1.0mmol/L时（1号、5号、9号、13号泳道），只有1/4的泳道条带数较为明显、清晰。多重比较表明，Mg^{2+}浓度为1.0mmol/L时，与其他3个水平差异显著，而其他3个水平间差异不显著。所以确定的Mg^{2+}最适浓度为2.0mmol/L。

③引物浓度对ISSR-PCR扩增的影响。ISSR扩增条带数与引物浓度密切相关，引物浓度过低时，PCR产物量降低，引物浓度过高又会促进引物的错误引导，产生非特异性扩增，还会增加引物二聚体的形成，非特异性产物和引物二聚体又可作为PCR反应的底物，与靶序列竞争DNA聚合酶和dNTPs底物，从而使靶序列的扩增量减少。由图17可知，引物浓度为0.2μmol/L时，扩增条带数最少，低于或高于此浓度，扩增条带数逐渐增加；多重分析表明，引物浓度为0.25μmol/L时，与其他3个水平均有显著差异，且相对于其他水平，条带也更为清晰，故确定最佳引物浓度为0.25μmol/L。

④dNTPs浓度对ISSR-PCR扩增的影响。dNTPs浓度直接影响PCR扩增，dNTPs浓度比较低时，产生的条带较少而且清晰度低，当dNTPs浓度过高时，其可与TaqDNA聚合酶竞争Mg^{2+}，从而就降低TaqDNA聚合酶的活性，进而影响PCR结果。从图18可以看出，dNTPs在0.15mmol/L、0.20mmol/L、0.25mmol/L水平上差异不显著，三者与0.30mmol/L都有显著差异，当dNTPs浓度为0.25mmol/L时扩增条带最清晰，主带最明显，故该试验采用的最适宜dNTPs浓度为0.25mmol/L。

⑤模板DNA浓度对ISSR-PCR扩增的影响。模板DNA是ISSR反应扩增的基础，主要从纯度和反应量两方面对结果产生影响，模板量过低，其与引物不能有效配对，产物量比较小；模板量过高则过早消耗掉引物，使退火只能发生在模板DNA间或者PCR间，使反应终止。试验所选取的4个水平，模板DNA浓度对PCR扩增结果影响不显著（图19），与白锦军等结果不同，结论与杜桂琴等的研究结果相似，这可能是与模板DNA的纯度有关。本试验选取30~120ng作为最佳模板质量。

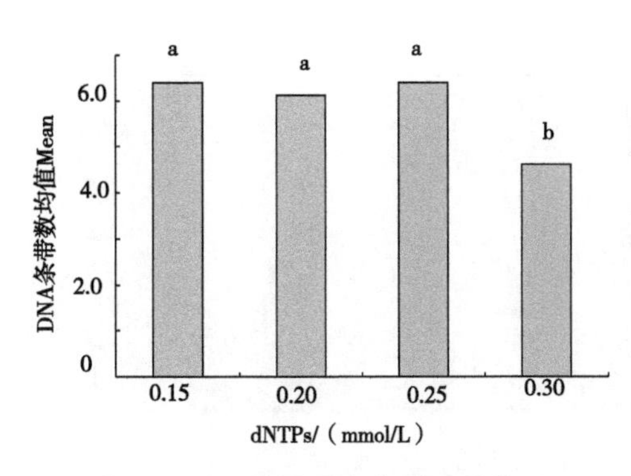

图 18　dNTPs 浓度与条带均值关系

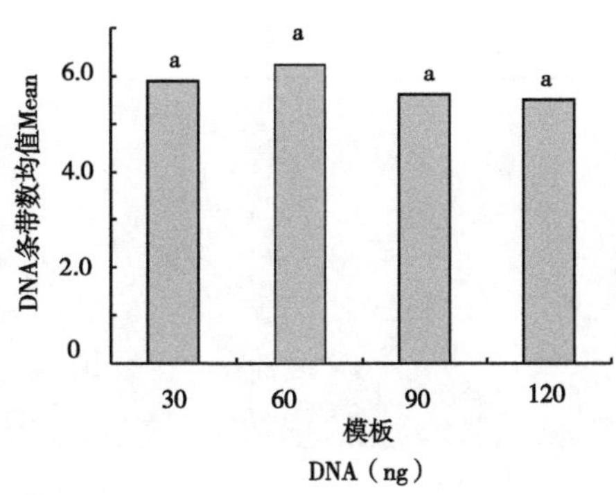

图 19　模板 DNA 与条带均值关系

注：柱形图上所标字母代表多重比较的结果。

（3）退火温度的确定。

退火温度决定着 PCR 的特异性。引物复性所需的温度和时间取决于引物碱基的组成、长度，降低退火温度一定程度上能增加模板与引物反应的敏感性，但也可能产生错误的扩增，根据正交试验结果所得的最佳反应体系，即 TaqDNA 聚合酶 1.0U，Mg^{2+} 2.0mmol/L，模板 DNA 30～120ng，dNTPs 0.25mmol/L，引物 0.25μmol/L 在 DNAEngine（PTC-200）PCR 仪上进行退火温度梯度试验。由图 20 可知，退火温度较低时（47.7℃、49.2℃），扩增条带较弱，较弥散，条带不清晰，扩增条带特异性较差，54.4℃时条带最清晰，条带数最多，主带最明显，随着退火温度的升高扩增的条带数逐渐减少，到60.6℃几乎没有条带，由此确定引物 UBC822 的最适退火温度为 54.4℃。通过对试验所选用的 27 条引物进行筛选，筛选出 12 条稳定、多态性较好的供本试验使用，并进行了退火温度梯度试验，并确定了所用各引物的最佳退火温度（表 53）。

表 53　试验所采用的引物序列及退火温度

引物	序列（5’→3’）	退火温度℃	引物	序列（5’→3’）	退火温度℃
UBC807	$(AG)_8T$	57.8	UBC844	$(CT)_8RC$	54.4
UBC818	$(CA)_8G$	54.4	UBC845	$(CT)_8RG$	54.4
UBC822	$(TC)_8A$	54.4	UBC853	$(TC)_8RT$	54.4
UBC825	$(AC)_8T$	54.4	UBC857	$(ATG)_5$	57.8
UBC835	$(AG)_8YC$	49.2	UBC873	$(GATA)_4$	46.5
UBC840	$(GA)_8YT$	57.8	Primer14	$(TC)_8C$	51.5

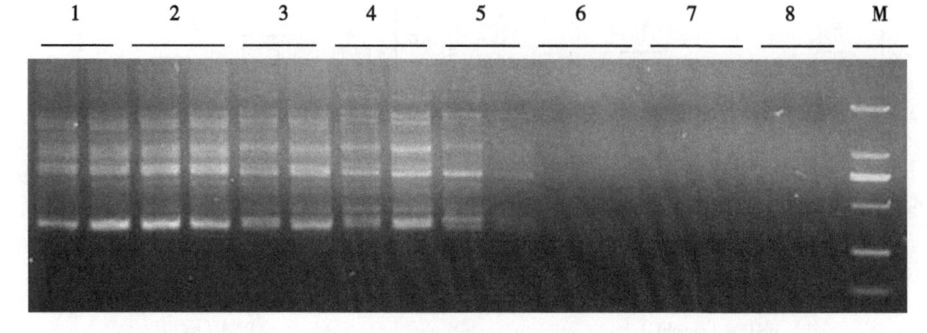

图 20 温度梯度 PCR 电泳图

注：引物为 UBC822；M 为 DNA marker（DL 2 000）；1～8 为 8 个温度梯度，分别为 47.7℃、49.2℃、51.5℃、54.4℃、57.8℃、60.6℃、62.8℃、64.4℃，每梯度重复 2 次

（4）最佳循环数和最适延伸时间的确定。

根据正交试验所得的最佳反应体系，在引物最适的退火温度下，对 PCR 循环数进行梯度试验，共设置 6 个梯度。从图 21 可知，循环数较少时（35 次）条带不清晰，扩增不太稳定，循环数为 37 次时扩增条带变清晰，但其主带不明显，循环数为 41 次时扩增效果最好，循环数大于 41 次时，扩增结果也不理想，因此 41 次可以作为引物 UBC822 的最佳循环次数。

延伸时间的长短取决于待扩增模板序列的长度和浓度，以及延伸温度的高低，在其他条件一定的情况下，延伸时间过短则无法完成扩增从而导致扩增产量较低，延伸时间太长则会引起非特异性条带的产生。利用所得的最佳反应体系、最适退火温度以及最佳循环数，对 PCR 延伸时间进行梯度试验，设置 3 个梯度，图 22 表明，延伸时间为 60s 时扩增条带弥散较严重，延伸时间为 120s 时主带不明显且带有一定的弥散现象，延伸时间为 90s 时扩增效果最好，故本试验确定最适延伸时间为 90s。

（5）最佳反应体系的验证。

运用正交设计所获得的最佳反应体系和最适扩增程序随机选用引物 UBC825 对不同的供试材料进行 ISSR 扩增，结果显示扩增条带清晰，稳定性较好，多态性较丰富（图 23），一定程度上表明该反应体系和反应程序的稳定性，重复性较好，适合于老芒麦和垂穗披碱草进行 ISSR-PCR 反应。

3. 遗传分析

等位基因所表现的多态性带的数目和比例可以反映供试材料的多样性指数，在一定程度上还体现了引物所反映的多样性信息量的大小，而 Nei's 基因多样性

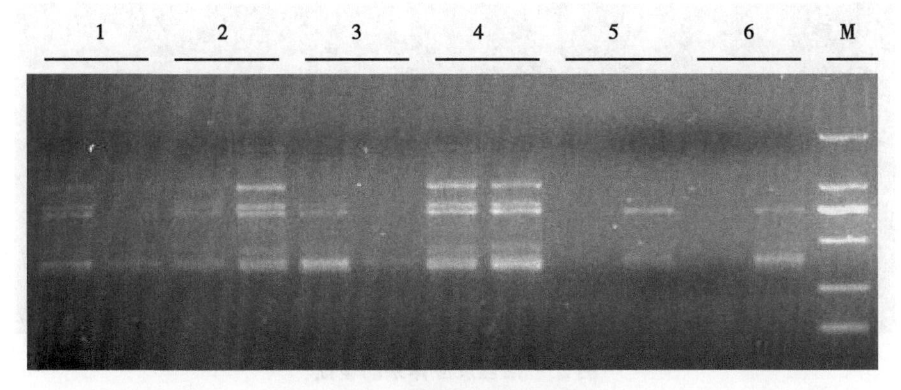

图 21　最佳循环数的选择

注：引物为 UBC822；M 为 DNA marker（DL 2 000）；1~6 为 6 个循环梯度，分别为 35 次、37 次、39 次、41 次、43 次、45 次，每梯度重复 2 次。

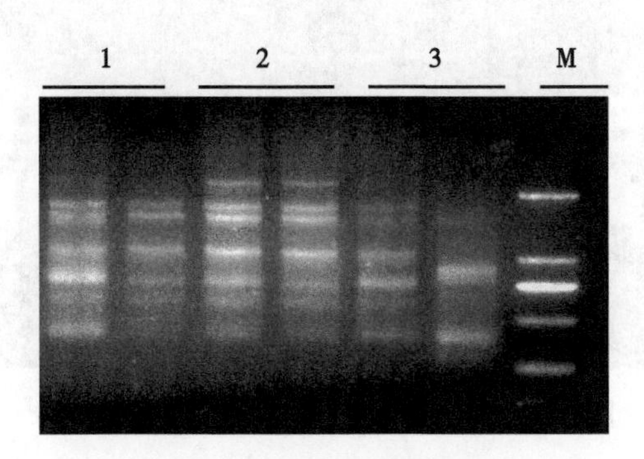

图 22　最适延伸时间的选择

注：引物为 UBC822；M 为 DNA marker（DL 2 000）；1~3 为 3 个延伸时间梯度，分别为 60 s、90s、120s 每梯度重复 2 次。

指数和 Shannon 指数则在一定程度上反映了供试材料间的遗传差异。

（1）ISSR 扩增结果。

用筛选出来的 12 条引物对 50 份供试材料进行 PCR 扩增，电泳结果如图 24 所示，扩增的条带较为稳定清晰。

（2）不同引物的多态性分析。

50 份供试材料的 ISSR 扩增产物具有丰富的多态性（表 54），12 条引物共扩增出 111 条清晰、稳定的条带，每条引物产生 7~11 条带，共产生多态性谱带 107 条，每个引物平均扩增的位点数是 9. 25 个，多态性位点数为 8. 92 个，平均

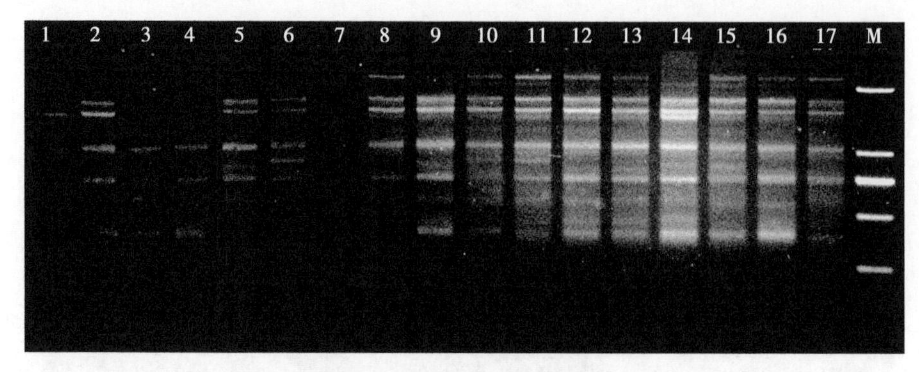

图 23　最佳反应体系的验证

注：引物为 UBC825；M 为 DNA marker（DL 2 000）；1~17 为 17 份不同供试材料。

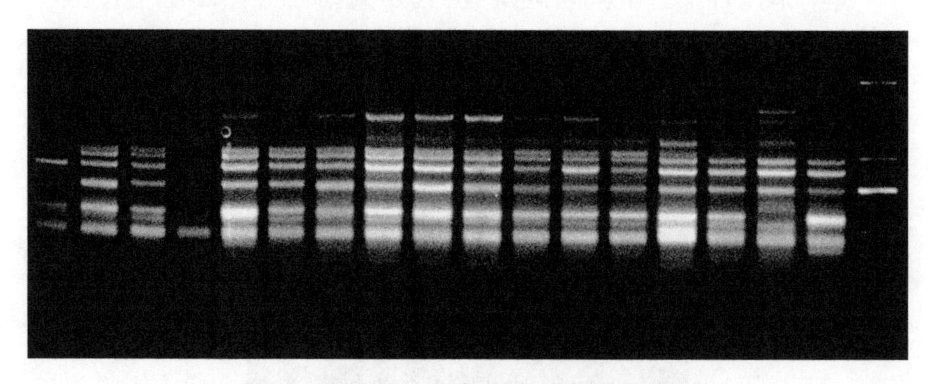

图 24　引物 UBC844 部分供试材料扩增结果

多态性比例为 96.40%。由此说明供试材料多态性较丰富，材料间存在比较大的遗传变异，对环境适应能力较强。

表 54　ISSR 引物扩增的多态性结果

引物	位点数	多态性位点数	多态性比例（%）
UBC807	7	6	85.71
UBC818	10	9	90.00
UBC822	10	10	100.00
UBC825	11	11	100.00
UBC835	8	7	87.50
UBC840	9	8	88.89

（续表）

引物	位点数	多态性位点数	多态性比例（%）
UBC844	11	11	100.00
UBC845	9	9	100.00
UBC853	8	8	100.00
UBC857	11	11	100.00
UBC873	9	9	100.00
Primer14	8	8	100.00
平均数	9.25	8.92	96.40

（3）遗传参数分析。

表 55，表 56 反映了供试材料在种水平上的多样性指数，老芒麦的 Nei's 基因多样性指数（H）变化范围为 0.193～0.363，Shannon 指数（I）变化范围为 0.304～0.526，老芒麦总的 Nei's 基因多样性指数（H）为 0.273，Shannon 指数（I）为 0.424；垂穗披碱草 Nei's 基因多样性指数（H）变化范围为 0.188～0.322，Shannon 指数（I）变化范围为 0.296～0.484，垂穗披碱草总的 Nei's 基因多样性指数（H）为 0.263，Shannon 指数（I）为 0.404；50 份材料总的 Nei's 基因多样性指数（H）为 0.304，Shannon 指数（I）为 0.459；老芒麦的 Nei's 基因多样性指数和 Shannon 指数都比垂穗披碱草偏大，Nei's 基因多样性指数和 Shannon 指数所估计的材料平均遗传多样性变化趋势一致，而且二者与种水平上的多态性比例的大小也基本趋于一致。

表 55　种水平上的多样性指数

引物	老芒麦				垂穗披碱草			
	等位基因数 Na	有效等位基因数 Ne	Nei's 基因多样性指数 H	Shannon 指数 I	等位基因数 Na	有效等位基因数 Ne	Nei's 基因多样性指数 H	Shannon 指数 I
UBC807	7	1.305	0.193	0.304	7	1.394	0.234	0.365
UBC818	10	1.369	0.238	0.378	10	1.359	0.223	0.343
UBC822	10	1.320	0.213	0.347	10	1.514	0.296	0.438
UBC825	11	1.260	0.192	0.331	11	1.309	0.188	0.296
UBC835	8	1.483	0.288	0.438	8	1.432	0.245	0.360
UBC840	9	1.395	0.252	0.394	9	1.352	0.247	0.405

（续表）

引物	老芒麦				垂穗披碱草			
	等位基因数 Na	有效等位基因数 Ne	Nei's 基因多样性指数 H	Shannon 指数 I	等位基因数 Na	有效等位基因数 Ne	Nei's 基因多样性指数 H	Shannon 指数 I
UBC844	11	1.661	0.363	0.526	11	1.538	0.322	0.484
UBC845	9	1.593	0.351	0.525	9	1.505	0.302	0.455
UBC853	8	1.542	0.314	0.475	8	1.477	0.298	0.462
UBC857	11	1.429	0.271	0.422	11	1.429	0.274	0.434
UBC873	9	1.542	0.333	0.505	9	1.427	0.245	0.371
Primer14	8	1.402	0.269	0.432	8	1.456	0.274	0.420
平均数	9.25	1.442	0.273	0.424	9.25	1.433	0.263	0.403

表 56　50 份供试材料的 ISSR 遗传多样性

材料	样本数	有效等位基因数	Nei's 基因多样性指数	Shannon 指数	多态位点数	多态性比例（%）
老芒麦	31	1.442	0.273	0.424	103	92.79
垂穗披碱草	19	1.433	0.263	0.403	94	84.68
总值	50	1.522	0.304	0.459	107	96.40

本试验中，老芒麦的多态性比例、遗传多样性以及 Shannon 指数等各项遗传参数都大于垂穗披碱草，说明供试的老芒麦材料间的遗传差异性要大于垂穗披碱草，而总的 Nei's 基因多样性指数 Shannon 指数又反映了 50 份供试材料间具有丰富的遗传差异。

（4）聚类分析。

基于 ISSR 分子标记采用 UPGMA 法对供试的 50 份材料进行了聚类分析，结果见图 25。当遗传距离为 0.60 时，50 份供试材料按种聚为两大类，31 份老芒麦聚为一类，19 份垂穗披碱草聚为一类。

31 份老芒麦聚为第一大类，在遗传距离为 0.72 时，31 份老芒麦聚为 4 类。来自黑龙江、吉林以及内蒙古东北地区的 7 份老芒麦构成了第一类，此类材料的共同特征是原生境的海拔低纬度高，植株在试验地生长不良。第二类包含 21 份老芒麦，基本涵盖了材料的所有来源地，首先是相同来源的材料能够部分集中的聚在一起，在不同地域间材料出现交叉现象；第三类主要包括两份材料，都来自四川阿坝州且两份材料原生境的海拔是所有供试老芒麦中最高的；第四类由来自新疆的材料 ES031 构成。在遗传距离为 0.77 时，19 份垂穗披碱草聚为三类。第一类包括来自新疆的三份材料，分别是 EN012、EN015、EN016，海拔低纬度高是这三份材料原生境的特点；第二类包括来自甘肃的两份材料 EN009、EN014；其余的 14 份垂穗披碱草构成了第三类，此类中材料基本是相同地域的来源的材料聚在一起，像来自四川甘孜州的 EN002、EN003、EN004、EN005、EN006 以及 EN019 聚在一起。

综合老芒麦和垂穗披碱草基于 ISSR 分子标记的聚类结果，所有供试材料按种聚为两类，在种内基本是遵循相同来源的材料聚在一起，表现出一定的地域相关性，在聚类过程中，受海拔和纬度以及生境的影响，不同地域来源的材料会出现交叉，可能由于采集地广的原因，老芒麦在聚类时情况比垂穗披碱草复杂。

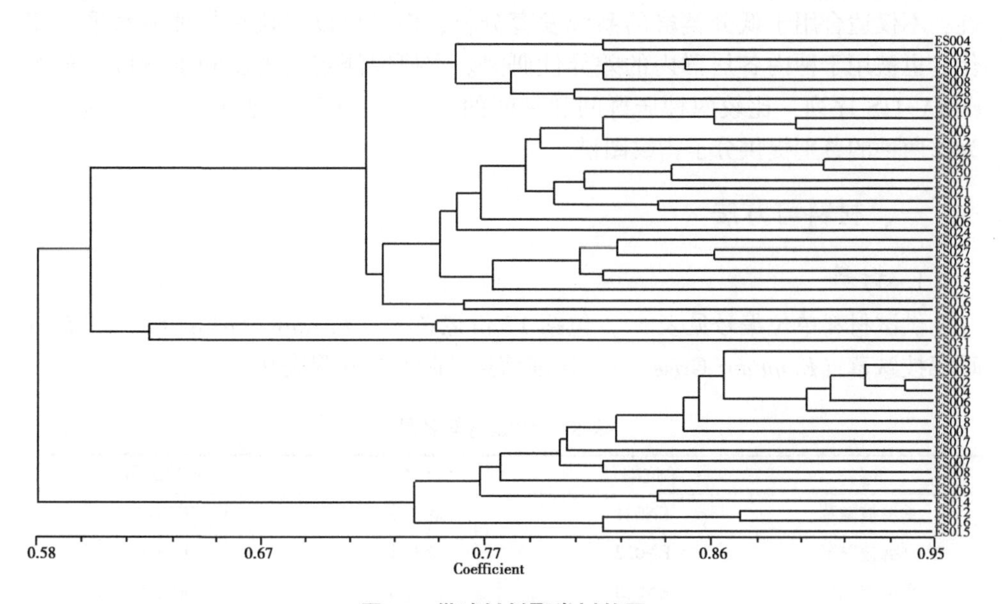

图 25　供试材料聚类树状图

基于形态性状和主要农艺性状比较对供试材料的聚类分析是通过供试材料的遗传基因与环境因子共同作用体现出来，而 DNA 分子标记所展现的植物的特性主要是基于其遗传基因通过表达来体现的，环境以及气候因素影响较小，基因上的遗传差异不一定都能在表型性状上体现出来，即使能够体现，其体现的也是多种形式的，所以通过 DNA 分子标记所体现的材料间的遗传差异要大于形态学标记的结果，所以在分析植物遗传多样性时分子标记的结果更为重要。

通过 ISSR 分子标记对供试材料的聚类结果与基于表型性状的聚类结果有一

定的不同，前者主要是种内来源于相同地域的材料聚为一类，表现出一定的地域相关性，在一定地域内植物的生境也有比较大的差异，受生境的影响，不同来源的材料在聚类时出现交叉现象；后者的聚类结果主要是形态相似的聚为一类，但两种不同聚类方式间存在着一定对应关系，二者的结果都受海拔和纬度的影响。

第三节　老芒麦和垂穗披碱草 ITS 序列分析

植物核糖体 DNA 中的内转录间隔区（Internal Transcribed Spacer，ITS）位于核糖体 18S、5.8S 和 26S 之间转录间隔区的 DNA 片段，被 5.8S 分割成 2 段，由于不加入成熟的核糖体，受到的选择压力较小，序列进化较快，并且具有保守性，不仅适合用于低分类群的系统发育分析，而且可以反映种与种内水平的变化，也被用于种内各居群内的差异性研究。本研究测定老芒麦和垂穗披碱草的 rDNA-ITS 序列，比较两种居群间和种间的 rDNA-ITS 区碱基序列特征的差异，为这两种的鉴别提供分子指纹图谱。

一、材料与方法

1. 材料

供试材料单位编号见表 57，包括 17 份老芒麦（*Elymus sibiricus* L.）和 5 份垂穗披碱草（*E. nutans* Griseb.），详细信息见附表 7 和附表 9。

表 57　供试材料名录

种名	单位编号	种名	单位编号
垂穗披碱草	EN021	老芒麦	ES012
垂穗披碱草	EN022	老芒麦	ES014
垂穗披碱草	EN023	老芒麦	ES015
垂穗披碱草	EN024	老芒麦	ES020
垂穗披碱草	EN025	老芒麦	ES021
老芒麦	ES001	老芒麦	ES023
老芒麦	ES003	老芒麦	ES026
老芒麦	ES005	老芒麦	ES027
老芒麦	ES006	老芒麦	ES029
老芒麦	ES008	老芒麦	ES032
老芒麦	ES009	老芒麦	ES033

2. 实验方法

（1）基因组 DNA 提取及质量检测。

幼苗培养方法同前。使用 Universal Genomic DNA Extraction Kit Ver. 3. 0（Code No. DV811A）从 22 份牧草幼苗样品中提取基因组 DNA，取 1μL 进行 1% 琼脂糖凝胶电泳检测。

（2）rDNA ITS 扩增及检测。

使用特异引物进行高保真 PCR 扩增。序列为：

ITS5：5′-TCGTAACAAGGTTTCCGTAGGTG-3′

ITS4：5′-TCCTCCGCTTATTGATATGC-3′，由中国大连 TaKaRa 公司合成。

PCR 扩增条件及扩增程序参见 Hsiao *et al.* 。PCR 扩增使用 TaKaRa LA Taq ©（Code No. DRR002A）扩增。

（3）PCR 产物纯化回收。

取 PCR 产物 5uL 进行琼脂糖凝胶电泳检测并拍照。使用 TaKaRa Agarose Gel DNA Purification Kit Ver. 2. 0（Code No. DV805）切胶回收上述 PCR 产物，按照编号依次命名为 EN021-1 PCR、EN021-2 PCR…，EN022-1 PCR……。

（4）克隆及测序。

使用 TaKaRa DNA Ligation Kit（Code No. D6020A）中的 Solution I，将 EN021-1 PCR、EN021-2 PCR…，EN022-1 PCR……分别与 pMD19-T Vector（Code No. D102A）连接后，热转化至 *E.* coliCompetent Cells JM109（Code No. D9052）中，涂布平板，37℃过夜培养。挑选阳性菌落植菌，每份材料提取 3~5 个阳性克隆质粒用于 DNA 测序分析。使用引物 M13-47 对质粒 EN021-1、EN021-2……，EN022-1 ……测序，序列测定由中国大连 TaKaRa 公司完成。

（5）序列分析。

将获得的 ITS 序列用 Clustal X 软件进行对位排列后，用 BioEdit 进行手工校正，确认 ITS 序列的可靠性。根据 GenBank 已登录的 ITS 序列对测定的 ITS 序列边界进行划分。BioEdit 分析 ITS 序列的碱基频率，转换和颠换比以及 ITS 序列内部的变异由 MEGA4. 1 计算。

二、ITS 序列分析

1. ITS 序列长度、G+C 含量及变异

BioEdit 软件分析 22 份材料 DNA 组成成分（表 58）。结果表明，这两种牧草各材料的 ITS 序列全长均为 604bp，G+C 含量变化范围为 62. 25%~63. 08%；ITS1 序列长均为 222bp，G+C 含量变化范围为 62. 16%~63. 06%；5. 8S 序列长为

均 164bp，G+C 含量均为 59.76%；ITS2 序列长均为 218bp，G+C 含量变化范围 64.22%~65.60%。

G+C 含量发生变异，预示碱基位点发生了某种程度的变化。Mega 4.1 分析结果表明（表 58），比对序列共 604 个位点，其中包含 593 个不变位点、11 个变异位点、包括 7 个变异信息位点；ITS1 有 222 个位点，包含 217 个保守位点，5 个变异位点，包括 3 个变异信息位点；ITS2 有 218 个位点，包含 212 个保守位点，6 个变异位点，包括 4 个变异信息位点；5.8S 有 164 个位点，全部为保守位点，无变异位点，表明这二种牧草核糖体基因的高度保守性。

表 58　22 份种质资源 ITS 长度及 G+C 含量变异

编号	材料名称	ITS1 bp/G+C%	5.8S bp/G+C%	ITS2 bp/G+C%	ITS bp/G+C%
EN021	垂穗披碱草	222/62.16%	164/59.76%	218/64.22%	604/62.25%
EN022	垂穗披碱草	222/62.16%	164/59.76%	218/64.22%	604/62.25%
EN023	垂穗披碱草	222/62.16%	164/59.76%	218/64.22%	604/62.25%
EN024	垂穗披碱草	222/62.16%	164/59.76%	218/64.22%	604/62.25%
EN025	垂穗披碱草	222/62.16%	164/59.76%	218/64.22%	604/62.25%
ES001	老芒麦	222/63.06%	164/59.76%	218/65.14%	604/62.91%
ES003	老芒麦	222/62.61%	164/59.76%	218/65.14%	604/62.75%
ES005	老芒麦	222/63.06%	164/59.76%	218/65.60%	604/63.08%
ES006	老芒麦	222/63.06%	164/59.76%	218/65.14%	604/62.91%
ES008	老芒麦	222/63.06%	164/59.76%	218/65.14%	604/62.91%
ES009	老芒麦	222/63.06%	164/59.76%	218/65.14%	604/62.91%
ES012	老芒麦	222/63.06%	164/59.76%	218/65.60%	604/63.08%
ES014	老芒麦	222/63.06%	164/59.76%	218/65.14%	604/62.91%
ES015	老芒麦	222/63.06%	164/59.76%	218/65.14%	604/62.91%
ES020	老芒麦	222/63.06%	164/59.76%	218/65.14%	604/62.91%
ES021	老芒麦	222/63.06%	164/59.76%	218/65.14%	604/62.91%
ES023	老芒麦	222/63.06%	164/59.76%	218/65.60%	604/63.08%
ES026	老芒麦	222/63.06%	164/59.76%	218/65.14%	604/62.91%
ES027	老芒麦	222/63.06%	164/59.76%	218/64.68%	604/62.75%

（续表）

编号	材料名称	ITS1 bp/G+C%	5.8S bp/G+C%	ITS2 bp/G+C%	ITS bp/G+C%
ES029	老芒麦	222/63.06%	164/59.76%	218/65.14%	604/62.91%
ES032	老芒麦	222/63.06%	164/59.76%	218/65.14%	604/62.91%
ES033	老芒麦	222/63.06%	164/59.76%	218/65.14%	604/62.91%

进一步对 22 份材料的 ITS 序列进行多序列比对分析，结果表明，老芒麦有 5 个 ITS 序列变异类型，ES003 一种变异类型，用 sibiricus1 代表；ES009、ES014、ES020、ES026 四份材料的序列完全相同，用 sibiricus2 代表；ES027 一种变异类型，sibiricus3 代表；ES001、ES006、ES008、ES015、ES021、ES029、ES032、ES033 八份材料的序列完全相同，用 sibiricus4 代表；ES005、ES012、ES023 三份材料的序列完全相同，用 sibiricus5 代表。垂穗披碱草有 2 个 ITS 序列变异类型，EN021 一种变异类型，用 nutans1 代表；EN022、EN023、EN024、EN025 四份材料序列完全相同，用 nutans2 代表。对这 7 个序列进行多序列比对，发现 4 个有明显种性变异的位点（图 26），分别是 100 位碱基垂穗披碱草为 T，老芒麦为 C；195 位碱基垂穗披碱草为 A，老芒麦为 G；438 位碱基垂穗披碱草为 A，老芒麦为 C；547 位碱基垂穗披碱草为 A，老芒麦为 C。

```
                  100           190          200        440            550
nutans 1     CTCCTTGGAGT   CTAGCCATCCCTC   GGTACCTCGTC'   CGAAGCCGGCA
nutans 2     ...........   .............   ...........    ...........
sibiricus 1  .....C.....   ......G......   ...C.......    ..C........
sibiricus 2  .....C.....   ......G......   ...C.......    ..C........
sibiricus 3  .....C.....   ......G......   ...C.......    ..C........
sibiricus 4  .....C.....   ......G......   ...C.......    ..C........
sibiricus 5  .....C.....   ......G......   ...C.......    ..C........
```

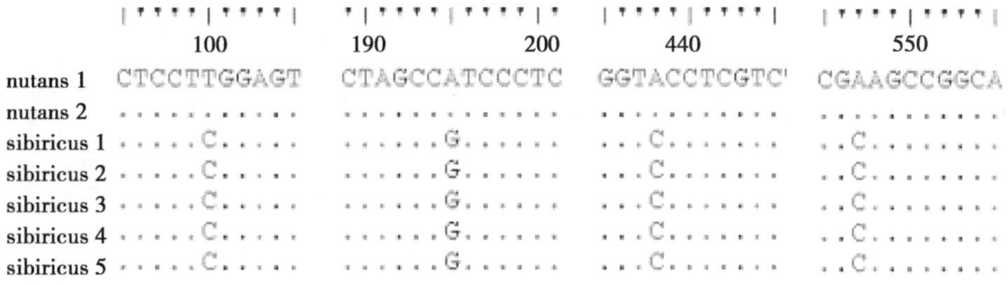

图 26　部分 ITS 序列比对图

2. ITS 序列遗传分歧及同源性分析

用 DNAStar 软件计算上面 7 类 ITS 序列的遗传分歧及同源性百分比差异（图 27），结果表明，这 7 个 ITS 序列的同源性（percent identity）98.7%~99.8%，遗传分歧（divergence）0.2%~1.3%。同一种内，nutan1 和 nutans2（垂穗披碱草）以及 sibiricus3 和 sibiricus4（老芒麦）的同源性最大为 99.8%，遗传分歧最小为 0.2%，sibiricus1 和 sibiricus3 的同源性最小为 99.0%，遗传分歧最大为 1.0；不

同种间，nutan1（垂穗披碱草）与 sibiricus1（老芒麦）和 sibiricus3（老芒麦）的同源性最小均为 98.7%，遗传分歧最大均为 1.3。说明老芒麦和垂穗披碱草的 ITS 序列具有保守性，为非近期分化类群。

		nutans 1	nutans 2	sibiricus 1	sibiricus 2	sibiricus 3	sibiricus 4	sibiricus 5		
遗传分歧%	nutans 1		99.8	99.7	99.2	98.7	98.8	99.0	nutans 1	同源性%
	nutans 2	0.2		99.8	99.3	98.8	99.0	99.2	nutans 2	
	sibiricus 1	1.3	1.2		99.5	99.0	99.2	99.7	sibiricus 1	
	sibiricus 2	0.8	0.7	0.5		99.5	99.7	99.8	sibiricus 2	
	sibiricus 3	1.3	1.2	1.0	0.5		99.8	99.3	sibiricus 3	
	sibiricus 4	1.2	1.0	0.8	0.3	0.2		99.5	sibiricus 4	
	sibiricus 5	1.0	0.8	0.3	0.2	0.7	0.5		sibiricus 5	
		nutans 1	nutans 2	sibiricus 1	sibiricus 2	sibiricus 3	sibiricus 4	sibiricus 5		

图 27　7 个 ITS 序列遗传分歧及同源性

本实验所得结果与形态学资料相吻合，进一步证明 ITS 是鉴别近缘种的理想分子指标，因此，ITS 序列分析的方法可作为老芒麦和垂穗披碱草鉴别指纹图谱的分子标记。

主要参考文献

蔡联炳，冯海生．1997. 披碱草属 3 个种的核型研究［J］. 西北植物学报，17（2）：238-241.

蔡联炳．1997. 中国鹅观草属的分类研究［J］. 植物分类学报，35（2）：148-177.

曹致中，刘杰．1985. 老芒麦和疏花鹅观草的核型分析［J］. 中国草原与牧草，2（4）：27-28，36.

陈默君，贾慎修．2002. 中国饲用植物［M］. 北京：中国农业出版社．125-130.

陈仕勇，马啸，张新全，等．2008. 10 个四倍体披碱草属物种的核型（简报）［J］. 植物分类学报，46（6）：886-890.

郭本兆．1987. 中国植物志，第 9 卷，第 3 分册［M］. 北京：科学出版社．

黄丽萍．2006. 植物根尖细胞有丝分裂的周期性［J］. 白城师范学院学报，20（4）：21-22.

敬显慧．1988. 无芒披碱草染色体核型分析及其在分类地位上的探讨［J］. 西南民族学院学报，1：41-45.

李懋学，陈瑞阳．1985. 关于植物核型分析的标准化问题［J］. 武汉植物学研究，3（4）：297-298.

李懋学，张赞平．1996. 作物染色体及其研究技术［M］. 北京：中国农业出版社．

李懋学．1991. 植物染色体研究技术［M］. 哈尔滨：东北林业大学出版社，142-144.

李永干，彭启乾，马鹤林，等．1985. 五种国产披碱草属牧草的核型分析［J］. 中国草原，3：56-60.

李永祥．2005. 中国境内披碱草属牧草的遗传多样性研究［硕士学位论文］. 泰安：山东农业大学，

李治强．2009. 紫花苜蓿与垂穗披碱草混播防治褐斑病试验［J］. 草业科学，26（10）：177-180.

李稚轩 . 2001. 植物细胞核型的进化［J］. 生物学通报，36（2）：16-17.
刘全兰 . 2005. 小麦族披碱草属（*Elymus* L.）的分子系统发育与进化研究［D］. 上海：复旦大学，39.
刘玉红 . 1985. 我国 11 种披碱草的核型研究［J］. 武汉植物学研究，3（4）：325-330.
卢红双，徐柱，马玉宝 . 2008. 披碱草属穗型下垂类种质的形态学鉴定及其聚类分析［J］. 云南农业大学学报，23（2）：150-158.
卢红双 . 2007. 披碱草属穗型下垂类种质的分析变异及其遗传变异分析［D］. 北京：中国农业科学院 .
马啸，周永红，于海清，等 . 2006. 野生垂穗披碱草种质的醇溶蛋白遗传多样性分析［J］. 遗传，28（6）：699-706.
马啸 . 2008. 老芒麦野生种质资源的遗传多样性及群体遗传结构研究［D］. 雅安：四川农业大学 .
买买提・阿布来提，萨拉姆，肉孜・阿基 . 2008. 老芒麦牧草生长的气候条件分析［J］. 新疆农业科学，45（S1）：222-224.
苗佳敏，张新全，陈智华，等 . 2011. 青藏高原和新疆地区垂穗披碱草种质的 SRAP 及 RAPD 分析［J］. 草地学报，19（3）：306-316
祁娟 . 2009. 披碱草属（*Elymus* L.）植物野生种质资源生态适应性研究［D］. 兰州：甘肃农业大学 .
孙义凯，赵毓堂，董玉琛，等 . 1992. 东北地区小麦族 11 种植物的核型报道［J］. 植物分类学报，30（4）：342-345.
谭远德，吴昌谋 . 1993. 核型似近系数的聚类分析方法［J］. 遗传学报，20（4）：305-311.
宛涛，孙启忠，蔡萍，等 . 2011. 内蒙古不同生态区冷蒿染色体核型观察［J］. 西北植物学报，31（3）：0456 -0461.
王克平 . 1982. 披碱草的核型分析［J］. 遗传，4（6）：19-20.
王昭兰等 . 2007. 老芒麦种质资源描述规范和数据标准［M］. 北京：中国农业出版社 .
肖苏，张新全，马啸，等 . 2008. 川渝地区野生鹅观草种质的核型分析［J］. 中国草地学报，30（6）：54-61.
谢运海，夏德安，姜静 . 2005. 利用正交设计优化水曲柳 ISSR-PCR 反应体系［J］. 分子植物育种，3（3）：445-450.
徐柱 . 1997. 中国禾草属志［M］. 呼和浩特：内蒙古人民出版社 .

鄢家俊，白史且，常丹，等 . 2010. 青藏高原老芒麦种质遗传多样性的 SSR 分析［J］. 中国农学通报，26（9）：26-33.

鄢家俊，白史且，马啸，等 . 2007. 川西北高原野生老芒麦居群穗部形态多样性研究［J］. 草业学报，16（6）：99-106.

鄢家俊，白史且，马啸，等 . 2007. 老芒麦遗传多样性及育种研究进展［J］. 植物学通报，24（2）：226-231.

鄢家俊，白史且，张新全，等 . 2010. 青藏高原老芒麦种质基于 SRAP 标记的遗传多样性研究［J］. 草业学报，19（1）：173-183.

严学兵，王堃，王成章，等 . 2009. 不同披碱草属牧草的形态分化和分类功能的构建［J］. 草业科学，17（3）：274-281.

严学兵，周禾，王堃，等 . 2005. 披碱草属植物形态多样性及其主成分分析［J］. 草地学报，13（2）：111-116.

严学兵 . 2005. 披碱草属遗传多样性研究［D］. 北京：中国农业大学 .

阎贵兴，张素贞，云锦凤，等 . 1991. 33 种禾本科饲用植物的染色体核型研究［J］. 中国草地，（5）：1-13.

杨瑞武，周永红，郑有良，等 . 2001. 利用 RAPD 分析披碱草属、鹅观草属和猬草属模式种的亲缘关系［J］. 西北植物学报，21（5）：865-871.

叶红霞，张海林 . 2007. 3 种披碱草属牧草对比试验［J］. 青海草业，16（3）：12-15.

应成琦，张婷，李信书，等 . 2009. 我国近海浒苔漂浮种类 ITS 与 18SrDNA 序列相似性分析［J］. 水产学报，33（2）：215.

袁庆华，谷安琳，李向林 . 2010. 披碱草属牧草种质资源描述规范和数据标准［M］. 北京：中国农业出版社 .

袁庆华，张吉宇，张文淑，等 . 2003. 披碱草和老芒麦野生居群生物多样性研究［J］. 草业学报，12：44-49.

张建波 . 2007. 川西北高原野生垂穗披碱草遗传多样性研究［D］. 雅安，四川农业大学 .

张武，韩艳丽，朱建华 . 2010. 中药乌头及其近缘种的 rDNA - ITS 序列分析［J］. 生物学杂志，27（1）：50.

周永红，郑有良，杨俊良，等 . 1999. 10 种披碱草属牧草的 RAPD 分析及其系统学意义［J］. 植物分类学报，37（5）：425-432.

左红伟，2015. 小麦族披碱草属（*Elymus trachycaulus*）的起源和进化研究［D］. 安微：安微农业大学 .

Agatonova O V. 1997. Genetic analysis of short - awned siberian wildrye [J]. Doklady Biological Sciences, 353: 175-176.

Baum B R, Yen C, Yang J L. 1991. *Roegneria*: Its genetic limits and justification for its recognition [J]. Canadian Journal of Botany, 69: 282-294.

Bowden W M. 1964. Cytotaxonomy of the species and intersecific hybrid of the genus *Elymus* in Canada and neighboring areas. Canadian Journal of Botany. , 42: 547-601.

Crane C F, Carman J G. 1987. Mechanisms of apomixes in *Elymus rectisetus* from East Australia and New Zealand [J]. American Journal of Botany, 74: 456-477.

Dewey D R. Cytogenetics of *Elymus sibiricus* and its hybrids with *Agropyron tauri*, *Elymus canadensis*, and *Agropyron caninum* [J].Botanical Gazette, 1974, 135 (1): 80-87.

Diaz O, Salomon B, Von Bothmer R. 1998. Description of isozyme polymorphisms in *Elymus* species by using starch gel electrophoresis, In: Jaradat A. A. (ed), Triticeae Ⅲ. Science Publishers Inc, Enfield, New Hampshire, USA, 199-208.

Ding X Y, Wang Z T, Xu H, et al. 2002. Database establishment of the whole rDNA ITS region of *Dendrobium* species of "fengdou" and authentication by analysis of their sequences [J].Acta Pharmaceutica Sinica, 37 (7): 567-573.

Hsiao C, Chatterton N J, Asay K H, et al. 1994. Phylogenetic relationships of 10 grass species: an assessment of phylogenetic utility of the internal transcribed spacer region in nuclear ribosomal DNA in monocots [J]. Genome, 37 (1): 112-120.

Jackson J A, Hemken R W. 1994. Calcium and cation-anion balance effects on feed intake, body weight gain, and hunoral response of dairy calves [J]. Journal of Dairy Science, 77: 1430-1436.

Lanwrenee T. 1967. Inheritance of a dwarf character in Russan wild rye grass, *Elymus junceus* [J]. Canadian Journal of Genetics and Cytology, 9: 126-128.

Levan A, Fredga K, Sandberg A A. 1964. Nomenclature for centromere position in chromosomes [J]. Hereditas, 52 (2): 201-220.

Liu Q, Ge S, Tang H, et al. 2006. Phylogenetic relationships in *Elymus* (Poaceae: Triticeae) based on the nuclear ribosomal internal transcribed spacer and chloroplast trnL－F sequences ［J］. New Phytologist, 2006, 170 (2): 411－420.

Lu B R. 1993. Biosystematic investigations of Asiatic wheat grasses－*Elymus* (Triticeae: Poaeeae) ［D］. The Swedish University of Agricultural Seienees, Svalov, Sweden.

Ma X, Zhang X Q, zhou Y H, et al. 2008. Assessing genetic diversity of *Elymus sibiricus* (Poaceae: Triticeae) populations from Qinghai－Tibet Plateau by ISSR markers ［J］. Biochemical Systematics and Ecology, 36: 514－522.

Stebbins G L. 1971. Chromosome evolution in higher plants ［M］. London: Edward Arnold, 43－46.

Sun G L, Salomon B, Von Bothmer R. 2002. Microsatellite polymorphism and genetic differentiation in three Norwe － gian population of *Elymus alaskanus* (Poaceae) ［J］. Plant Systematic Evolution, 234: 101－110.

Wu Z Y, Petes H R. 2006. Flora of China. Vol. 22. Poaceae ［M］. Beijing: Science Press, St. Louis: Missouri Botanical Garden Press, 403－410.

Zao Z L, Zhou K Y, Dong H, et al. 2001. Characters of nrDNA ITS region sequences of fruits of Alpinia galangal and their adulterants ［J］. Planta Medica, 2001, 67 (4): 381－383.

附　　录

附录1　黑紫披碱草种质资源名录

种质编号	来源地	经度	纬度	海拔（m）
EA001	新疆巴音布鲁克	84°22′	42°49′	2 398
EA002	青海海晏县金滩乡	101°05′	36°48′	2 918
EA003	青海海晏县东大滩水库	101°02′	36°51′	2 990

附录2　短芒披碱草种质资源名录

种质编号	来源地	经度	纬度	海拔（m）
EB001	青海省海晏	101°03′	37°02′	3 200
EB002	青海海晏县金滩乡	101°05′	36°48′	2 918
EB003	青海海晏县东大滩水库	101°02′	36°51′	2 990
EB004	四川省红原县	102°36′	33°06′	3 320

附录3　圆柱披碱草种质资源名录

种质编号	来源地	经度	纬度	海拔（m）
EC001	青海都兰县夏日哈	98°07′	36°24′	3 108
EC002	青海海晏县哈勒景乡	101°03′	37°02′	3 200
EC003	青海共和县江西沟	100°29′	36°34′	3 243
EC004	甘肃夏河	102°35′	35°11′	2 770
EC005	四川炉霍	100°44′	31°19′	3 060

（续表）

种质编号	来源地	经度	纬度	海拔（m）
EC006	乌兰查布市凉城县龙泉山庄	112°17′	40°38′	1 523
EC007	新疆尼勒克唐布拉	83°38	43°42′	1 692
EC008	内蒙呼盟库如奇	123°48′	48°59′	277
EC009	内蒙呼盟库如奇	123°50′	48°57′	320
EC010	内蒙呼盟宜里	123°45′	49°05′	391
EC011	内蒙呼盟大杨树安康	123°44′	49°02′	358
EC012	内蒙呼盟吉文	124°13′	50°19′	506
EC013	内蒙呼盟托扎敏乡	123°02′	50°19′	621
EC014	内蒙呼盟大杨树乌鲁布铁	124°13′	50°11′	417
EC015	内蒙呼盟甘河农场	124°38′	49°25′	284
EC016	内蒙呼盟莫旗	124°31′	48°28′	210
EC017	内蒙呼盟莫旗	124°27′	48°26′	195
EC018	内蒙商都县东	113°39′	41°37′	1393

附录 4　披碱草种质资源名录

种质编号	来源地	经度	纬度	海拔（m）
ED001	柴达木盆地南边伊克高里工区	97°30′	36°02′	2 962
ED002	青海省都兰县巴隆乡	97°07′	36°02′	3 378
ED003	新疆新源	83°19′	43°38′	1 445
ED004	新疆尼勒克唐布拉	83°38′	43°42′	1 692
ED005	新疆天山中部巩乃斯	84°01′	43°16′	1 884
ED006	新疆霍城果子沟	81°51′	44°27′	1 996
ED007	河北坝上	116°06′	42°04′	1 438
ED008	青海海晏县金滩乡	101°05′	36°48′	2 918
ED009	呼市土左旗五一水库	111°27′	40°47′	1 157
ED010	北京百望山	116°46′	39°52′	986
ED011	北京沁源	112°32′	36°05′	915
ED012	北京沁源县灵空山	112°32′	36°05′	1 000

（续表）

种质编号	来源地	经度	纬度	海拔（m）
ED013	新疆伊犁	83°42′	43°42′	1 950
ED014	山西	112°26′	39°52′	1 379
ED015	青海	97°07′	36°08′	2 990
ED016	内蒙古海拉尔	120°44′	49°14′	655
ED017	内蒙古乌兰察布市凉城县龙泉山庄	112°17′	40°38′	1 523
ED018	内蒙古呼市苁蓉山庄	111°47′	41°02′	1 727
ED019	内蒙古乌拉盖开发区乌拉盖牧场	119°18′	45°50′	900
ED020	白音查干镇东	112°41′	40°51′	1 365
ED021	商都县东	113°39′	41°37′	1 393
ED022	化德德色图	113°39′	41°37′	1 467
ED023	呼盟莫旗博尔克后	108°34′	39°55′	321
ED024	呼盟莫旗库如奇	123°53′	48°57′	296
ED025	呼盟莫旗库如奇	123°52′	48°56′	282
ED026	呼盟莫旗小儿沟诺敏镇	123°49′	48°57′	300
ED027	呼盟莫旗宜里	123°45′	49°05′	391
ED028	呼盟莫旗托扎敏乡	123°15′	50°09′	479
ED029	呼盟莫旗阿里河布苏里景区	123°26′	50°34′	480
ED030	呼盟莫旗腾克	124°35′	48°59′	204
ED031	呼盟莫旗	124°27′	48°29′	227
ED032	阿荣旗马河外站	123°12′	48°47′	378
ED033	阿荣旗旗北出口	123°24′	48°11′	256
ED034	阿尔山	119°44′	47°19′	861

附录 5　青紫披碱草种质资源名录

种质编号	来源地	经度	纬度	海拔（m）
EDV001	四川甘孜道孚县	101°29′	30°29′	3 500
EDV002	内蒙古牙克石凤凰山阴坡	120°51′	49°13′	680

附录 6　肥披碱草种质资源名录

种质编号	来源地	经度	纬度	海拔（m）
EE001	黑龙江省绥化市青冈县	126°07′	46°37′	186
EE002	黑龙江省绥化市青冈县	126°07′	46°37′	186
EE003	黑龙江省兰西县	126°03′	46°28′	195
EE004	黑龙江省五大连池双泉乡	126°10′	48°35′	254
EE005	黑龙江省绥化市明水县双河村	125°53′	47°08′	247
EE006	黑龙江省五大连池双泉乡	126°10′	48°35′	254
EE007	呼市新胜村和信园	111°42′	40°39′	1 040
EE008	锡盟正蓝旗	116°36′	42°54′	1 373
EE009	新疆新源县那拉提	83°54′	43°21′	1 277
EE010	大青山	111°42′	40°58′	1 528
EE011	阿尔山明水林场	119°44′	47°19′	861
EE012	小井沟	111°49′	41°00′	1 504
EE013	黑河市上马场	127°18′	50°24′	135
EE014	黑龙江省兰西县远大乡	126°02′	46°30′	168
EE015	黑河市大五家子乡三队	127°23′	49°47′	203
EE016	黑龙江省拜泉县	125°58′	47°25′	254
EE017	黑龙江省黑河市发展村	126°42′	48°42′	297
EE018	黑龙江省黑河市孙吴县辰清乡	127°15′	49°09′	396
EE019	延边朝鲜族自治州安图县白河镇	127°17′	42°39′	660

附录 7　垂穗披碱草种质资源名录

种质编号	来源地	经度	纬度	海拔（m）
EN001	四川阿坝州阿坝县查理寺	102°03′	32°45′	3 324
EN002	四川甘孜州色达县旭日乡	100°36′	31°59′	3 567
EN003	四川甘孜州色达县色尔坝	100°43′	31°51′	3 300
EN004	四川甘孜州炉霍县	101°56′	32°49′	3 325

（续表）

种质编号	来源地	经度	纬度	海拔（m）
EN005	四川甘孜州雅江县	101°32′	30°15′	3 419
EN006	四川甘孜州理塘县	100°17′	30°18′	3 673
EN007	西藏丁青县	95°12′	32°01′	4 209
EN008	西藏日喀则	89°10′	29°17′	3 713
EN009	甘肃夏河	102°31′	35°12′	3 500
EN010	青海省西宁市西北	101°22′	36°40′	2 707
EN011	新疆巩留县	82°46′	42°25′	870
EN012	新疆乌鲁木齐县小渠乡	87°08′	43°31′	1 825
EN013	四川理塘	100°19′	29°53′	3 780
EN014	甘肃兰州	103°25′	36°39′	3 427
EN015	新疆新源县那拉提东	84°20′	43°11′	2 263
EN016	新疆巴音布鲁克	84°22′	42°49′	2 398
EN017	四川阿坝州鹧鸪山脚	102°31′	31°52′	3 655
EN018	四川阿坝州阿坝县跨沙乡	101°34′	32°49′	3 140
EN019	四川甘孜州稻城县	100°15′	28°41′	3 580
EN020	甘孜州壤塘县	101°03′	32°26′	3 362
EN021	甘南藏族自治州合作市	102°56′	34°52′	3 111
EN022	甘南藏族自治州合作市	102°50′	34°54′	3 158
EN023	甘南藏族自治州夏河县	098°23′	34°23′	3 000
EN024	甘南藏族自治州夏河县	104°40′	35°12′	2 764
EN025	甘南藏族自治州碌曲县	102°33′	34°33′	3 150
EN026	甘南藏族自治州碌曲县	102°20′	34°14′	3 480
EN027	甘南藏族自治州迭部县	102°43′	34°06′	3 153
EN028	甘南藏族自治州临潭县	103°24′	34°39′	2 820
EN029	甘南藏族自治州玛曲县	104°04′	34°00′	3 518
EN030	吉林省延边朝鲜自治州	128°10′	42°11′	1 128
EN031	青海省海晏青海湖乡	100°54′	36°58′	3 115
EN032	青海共和县江西沟	100°19′	36°37′	3 247
EN033	青海省刚察县三角城羊场	100°11′	37°17′	3 265
EN034	青海湟源县日月山以东	101°07′	36°26′	3 320

（续表）

种质编号	来源地	经度	纬度	海拔（m）
EN035	青海格尔木西大滩	94°20′	35°47′	4 002
EN036	内蒙古巴盟乌拉特前旗	108°30′	40°50′	1 300
EN037	内蒙古锡盟白旗	111°38′	42°30′	1 298
EN038	内蒙古扎兰屯	121°20′	47°25′	810
EN039	甘孜州理塘县	100°15′	30°13′	4 394
EN040	甘孜州雅江县	100°49′	30°01′	4 183
EN041	四川红原	102°36′	33°06′	3 320
EN042	青海海晏县金滩乡	101°05′	36°48′	2 918
EN043	青海共和县黑马河	99°46′	36°43′	3 208
EN044	青海都兰县夏日哈	98°07′	36°24′	3 108
EN045	青海省海北州	100°33′	37°08′	3 272
EN046	青海省同德县	100°39′	35°16′	3 289
EN047	甘南藏族自治州碌曲县	102°31′	34°11′	3 485
EN048	青海都兰县夏日哈	97°07′	36°24′	3 108
EN049	新疆乔尔玛	84°27′	43°46′	2 322
EN050	青海省共和黑马河乡	99°43′	36°50′	3 212
EN051	四川若尔盖县	102°34′	34°09′	3 284

附录 8　紫芒披碱草种质资源名录

种质编号	来源地	经度	纬度	海拔（m）
EP001	内蒙古呼市小井沟	111°49′	41°00′	1 504

附录 9　老芒麦种质资源名录

种质编号	来源地	经度	纬度	海拔（m）
ES001	四川阿坝州松潘县黄龙	103°35′	32°48′	3 558
ES002	四川阿坝州若尔盖包座	102°36′	33°42′	3 012

（续表）

种质编号	来源地	经度	纬度	海拔（m）
ES003	甘肃合作	102°55′	35°01′	2 960
ES004	黑龙江省五大连池双泉乡	126°10′	48°35′	254
ES005	黑龙江省孙吴县辰清乡	127°15′	49°09′	396
ES006	吉林省敦化	128°16′	43°21′	509
ES007	吉林延边朝鲜族自治州安图县二道白河镇	127°17′	42°38′	660
ES008	吉林省延边朝鲜族自治州	128°10′	42°11′	1 128
ES009	内蒙古乌兰察布市凉城县龙泉山庄	112°17′	40°38′	1 523
ES010	内蒙古呼和浩特市和林县摩天岭	112°01′	40°25′	1 627
ES011	内蒙古呼和浩特市和林县摩天岭	112°01′	40°25′	1 627
ES012	内蒙古呼和浩特市苁蓉山庄	111°47′	41°02′	1 727
ES013	吉林省延边朝鲜族自治州	128°03′	42°02′	1 897
ES014	青海省海晏金滩乡	101°05′	36°48′	2 918
ES015	青海海晏县东大滩水库	101°02′	36°51′	2 990
ES016	四川红原	102°36′	33°06′	3 320
ES017	新疆布尔津布尔津西	86°50′	47°43′	455
ES018	新疆尼勒克唐布拉	83°42′	43°42′	1 788
ES019	新疆天山天池	88°07′	43°53′	1 904
ES020	新疆新源	84°20′	43°12′	2 183
ES021	新疆乔尔玛兵站	84°27′	44°46′	2 322
ES022	内蒙古克什克腾旗	117°18′	42°35′	1 616
ES023	陕西西安	108°21′	34°37′	550
ES024	吉林延吉	129°35′	43°05′	330
ES025	青海西宁	101°49′	36°34′	2 570
ES026	山西右玉	112°27′	39°51′	1 430
ES027	河北张家口	113°57′	40°49′	1 210
ES028	内蒙古满洲里	117°32′	49°19′	550
ES029	内蒙古扎兰屯	121°20′	47°25′	810
ES030	新疆新源	84°18′	43°45′	1 694
ES031	新疆巴音沟独山子	84°27′	43°46′	2 736
ES032	新疆巩留	82°46′	43°25′	870
ES033	西藏丁青县	95°12′	32°01′	4 209
ES034	呼和浩特东苁蓉山庄	111°47′	41°02′	1 727
ES035	四川阿坝州松潘县牟尼沟	103°37′	32°47′	2 989

（续表）

种质编号	来源地	经度	纬度	海拔（m）
ES036	四川阿坝州松潘县川郎路	103°29′	32°53′	3 214
ES037	四川阿坝州松潘县川主寺	103°35′	32°47′	3 029
ES038	四川阿坝州若尔盖县求吉乡	103°16′	33°40′	2 821
ES039	四川阿坝州若尔盖县巴西乡	103°13′	33°35′	2 983
ES040	四川阿坝州鹧鸪山脚	102°43′	31°52′	3 655
ES041	四川阿坝州红原县龙日坝	102°21′	32°28′	3 560
ES042	四川阿坝州阿坝县跨沙乡	101°34′	32°49′	3 140
ES043	四川阿坝州阿坝县麦尔玛乡	102°02′	32°49′	3 418
ES044	四川阿坝州阿坝县查理寺	102°03′	32°45′	3 324
ES045	四川阿坝州阿坝县	102°32′	32°51′	3 461
ES046	四川阿坝州壤塘县	101°25′	32°35′	3 485
ES047	甘孜州色达县旭日乡	100°36′	31°59′	3 567
ES048	甘孜州色达县色尔坝	100°43′	31°51′	3 300
ES049	甘孜州炉霍县	101°56′	32°49′	3 325
ES050	甘孜州雅江县	101°32′	30°15′	3 419
ES051	甘孜州稻城县	100°15′	28°41′	3 580
ES052	甘孜州理塘县 217 线	100°17′	30°18′	3 673
ES053	甘孜州理塘县	100°29′	30°24′	3 592
ES054	西藏日喀则	89°10′	29°17′	3 713
ES055	甘肃夏河	102°31′	35°12	3 500
ES056	甘肃兰州	103°25′	36°39′	3 427
ES057	黑龙江省农科院	126°37′	45°41′	169
ES058	黑河市大五家子乡三队	127°23′	49°47′	203
ES059	黑龙江省黑河市四连农场	126°20′	48°39′	329
ES060	黑龙江省大兴安岭地区呼玛县	126°56′	50°56′	335
ES061	青海省西宁市塔尔寺	101°34′	36°29′	2 800
ES062	四川理塘	100°19′	29°53′	3 780
ES063	新疆乌鲁木齐县小渠乡	87°08′	43°31′	1 825
ES064	新疆新源县那拉提东	84°20′	43°11′	2 263
ES065	新疆巴音布鲁克	84°22′	42°49′	2 398
ES066	新疆巴音布鲁克	84°51′	42°59′	2 423

附录 10　无芒披碱草种质资源名录

种质编号	来源地	经度	纬度	海拔（m）
ESUB001	四川甘孜道孚县	101°29′	30°29′	3 500

附录 11　麦蕒草种质资源名录

种质编号	来源地	经度	纬度	海拔（m）
ET001	内蒙古锡林郭勒盟白旗	111°38′	42°30′	1 298
ET002	额尔古纳拉布达林	120°41′	50°21′	619
ET003	青海省海晏东大滩	101°02′	36°51′	2 990
ET004	青海省都兰县夏日哈	97°07′	36°24′	3 108
ET005	青海省海晏哈勒景乡	101°01′	37°01′	3 151
ET006	青海省都兰驿宾馆	97°07′	36°24′	3 108
ET007	四川丹巴	101°43′	30°45′	2 320
ET008	四川炉霍	100°51′	31°11′	2 990
ET009	四川道郛	101°13′	30°53′	3 280
ET010	内蒙古呼和浩特市小井沟	111°47′	41°02′	1 727

附录 12　毛披碱草种质资源名录

种质编号	来源地	经度	纬度	海拔（m）
EV001	内蒙古呼和浩特市小井沟	111°49′	41°00′	1 504
EV002	内蒙古呼和浩特市小井沟	111°47′	41°02′	1 727

附录 13　披碱草属牧草染色体中期分裂相及核型图

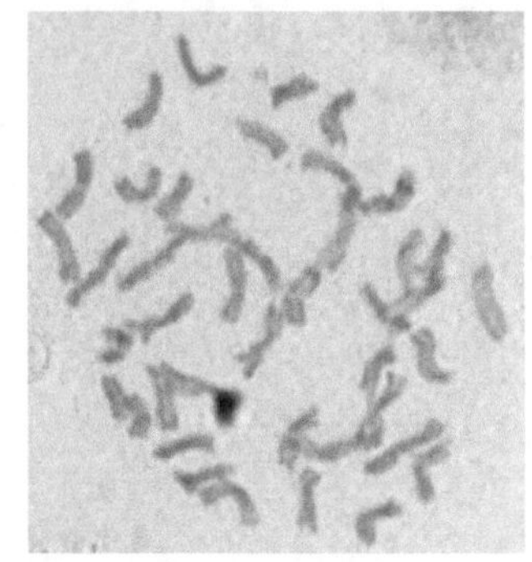

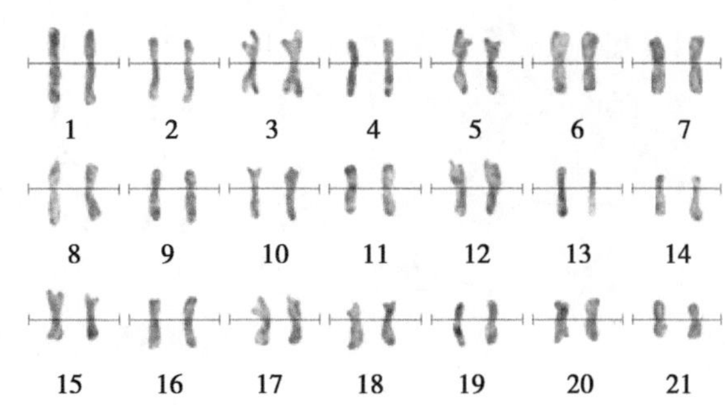

A　黑紫披碱草

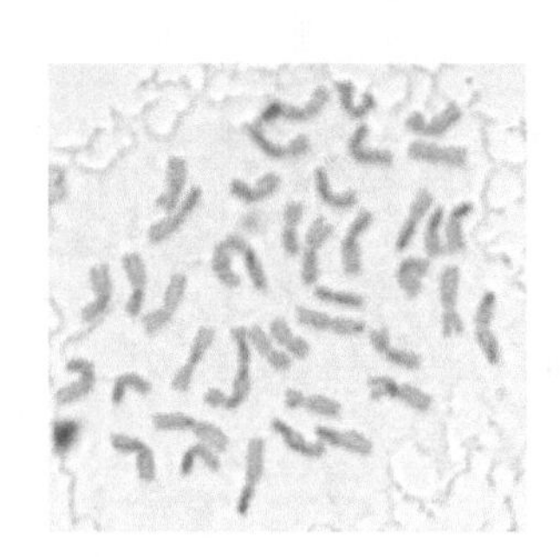

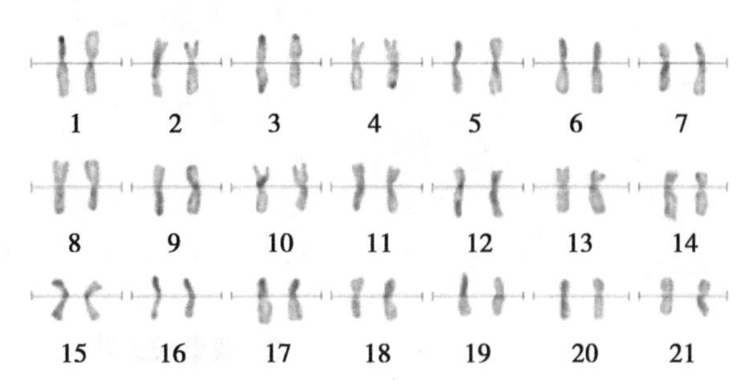

B　短芒披碱草

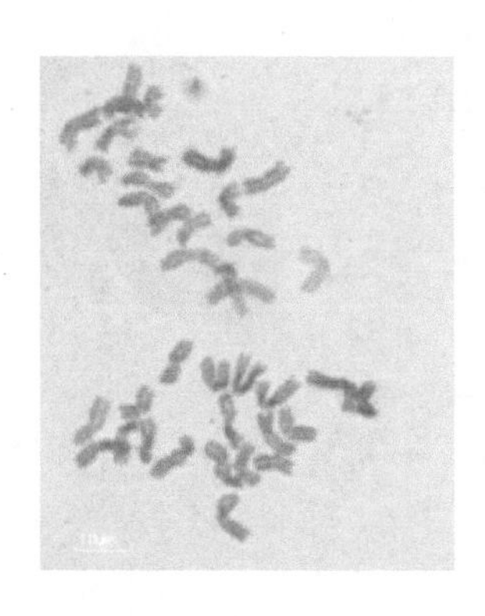

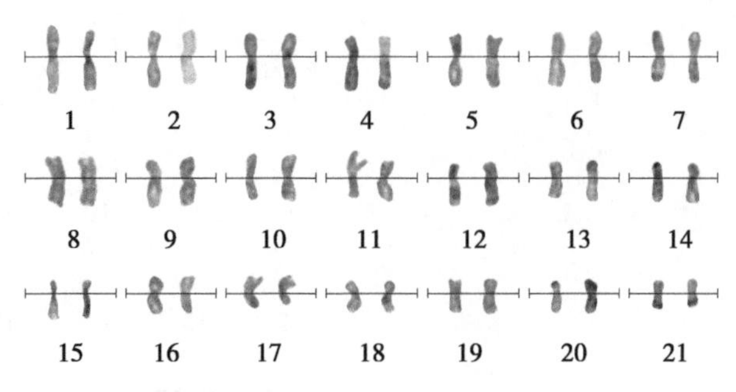

C　圆柱披碱草

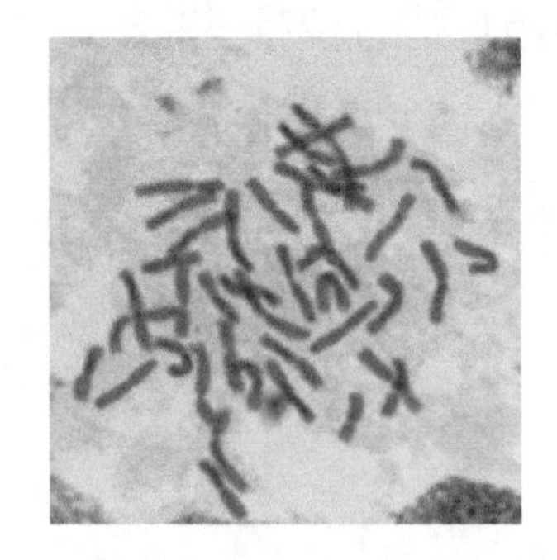

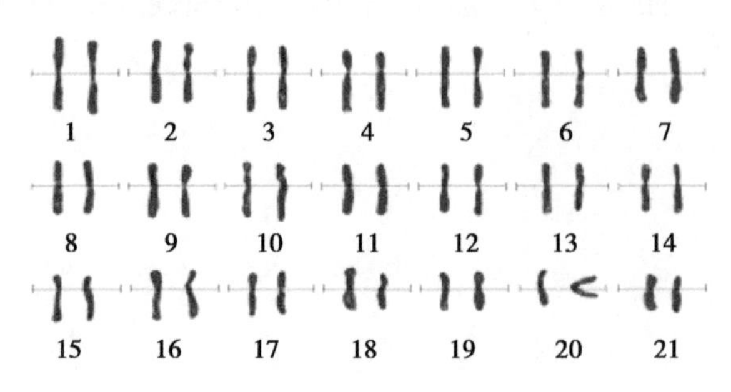

D 披碱草

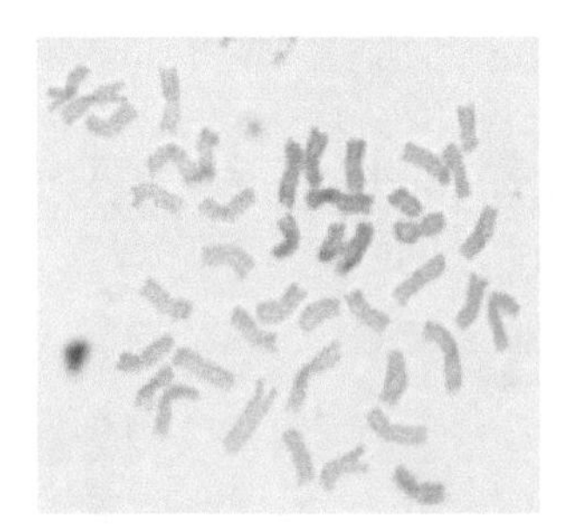

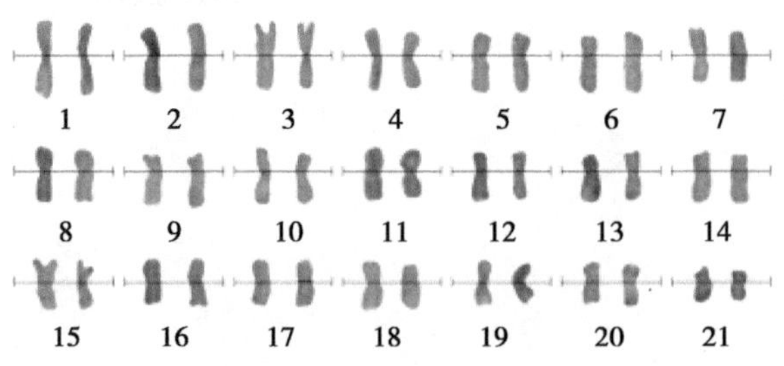

E 青紫披碱草

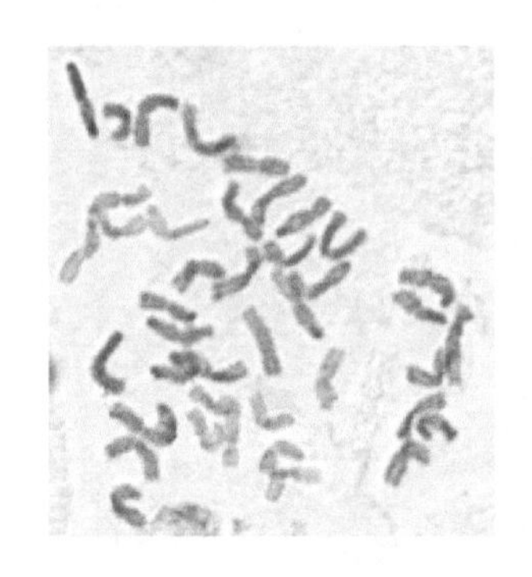

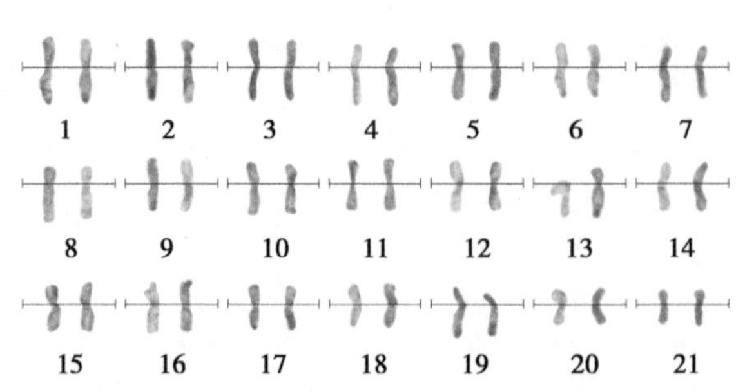

F 肥披碱草

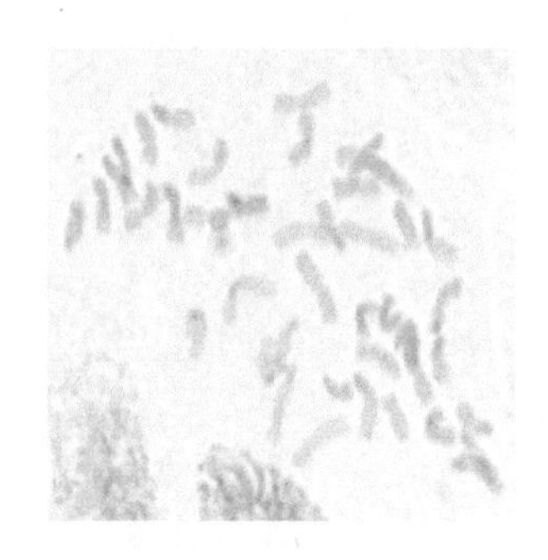

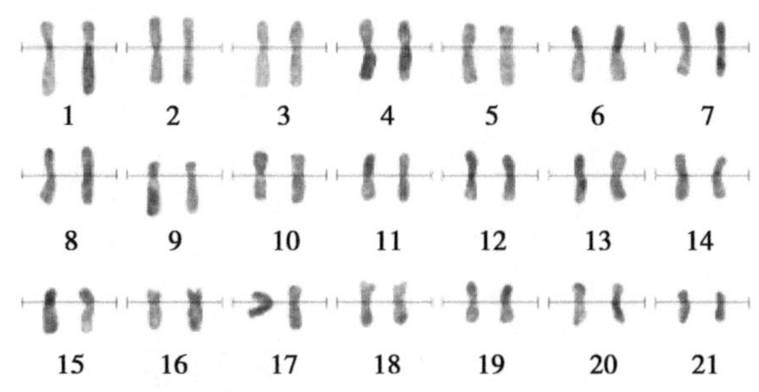

G　垂穗披碱草

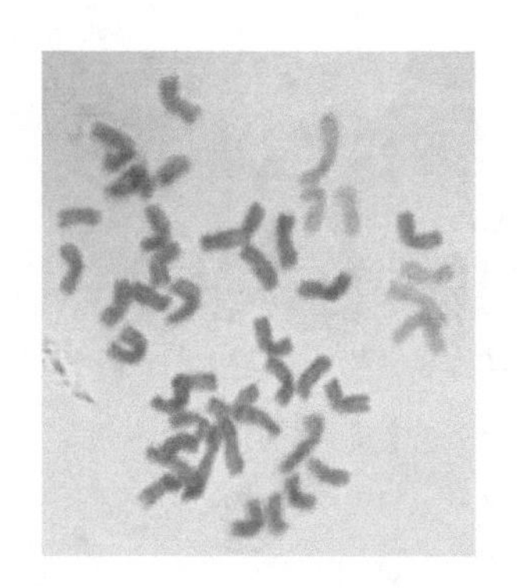

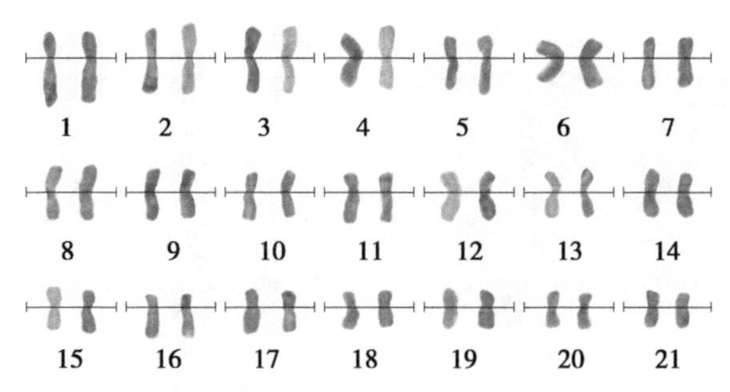

H　紫芒披碱草

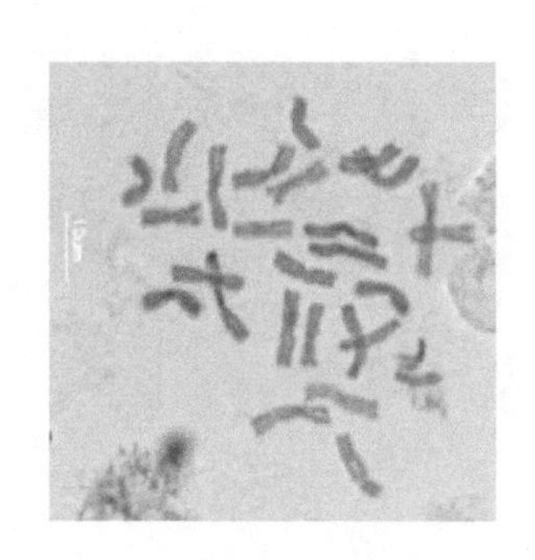

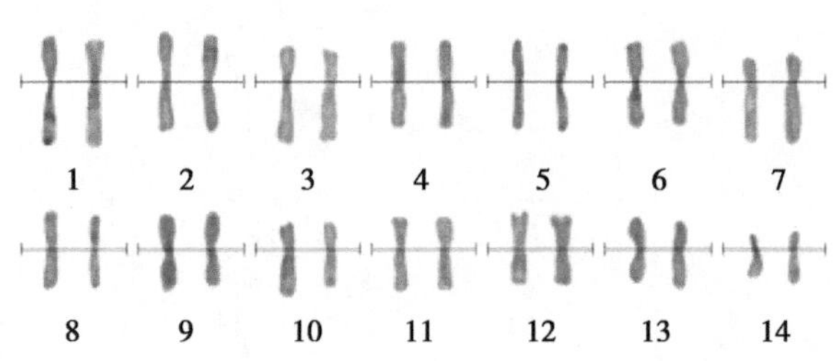

I　老芒麦（ES003）

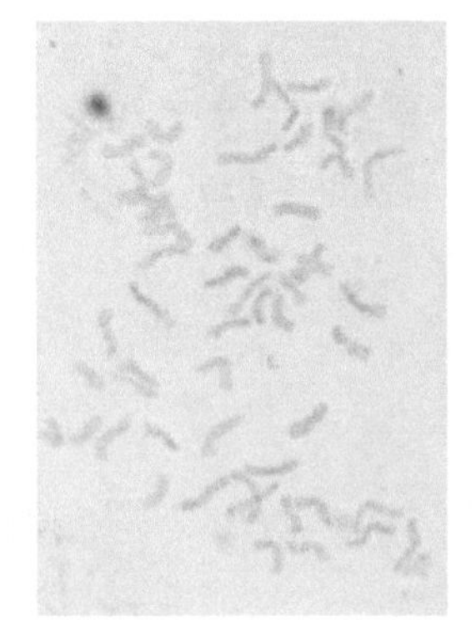

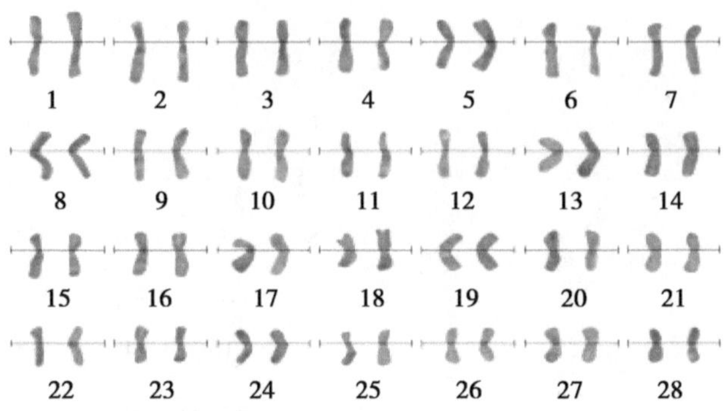

J　无芒披碱草

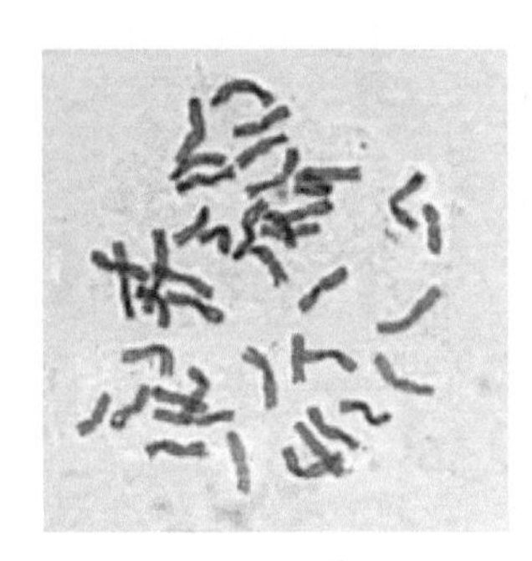

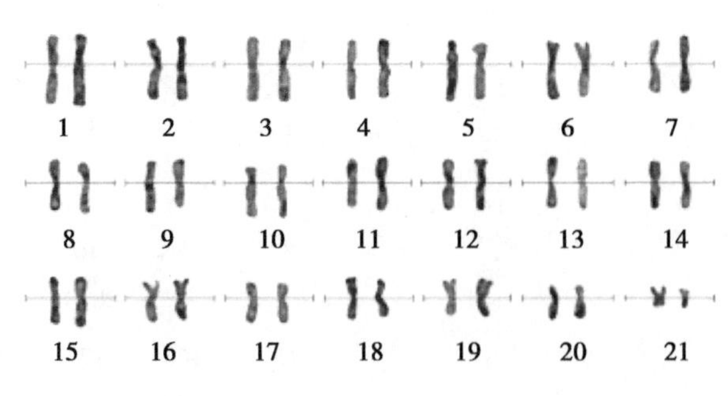

K　麦蕒草

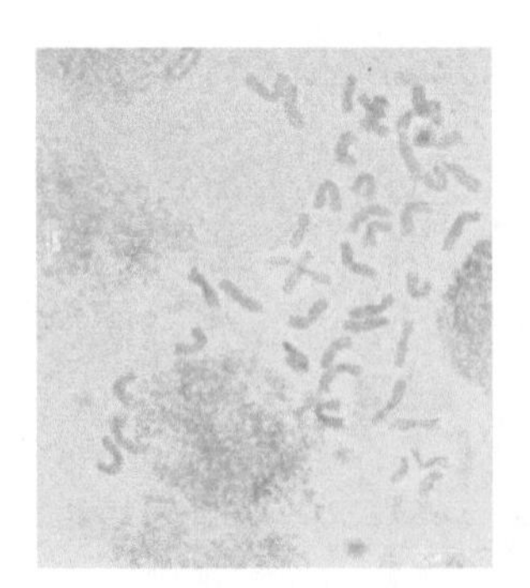

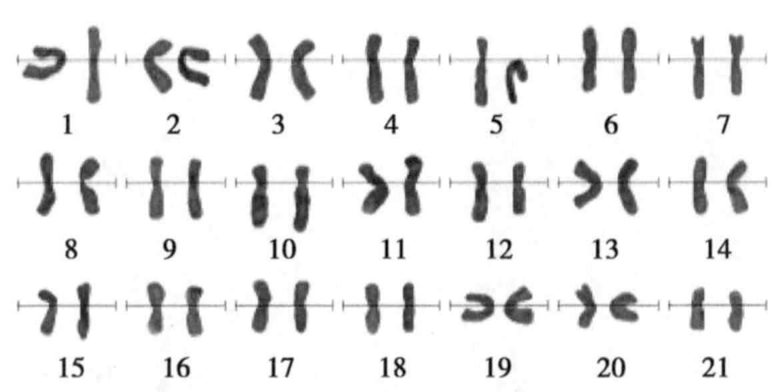

L　毛披碱草

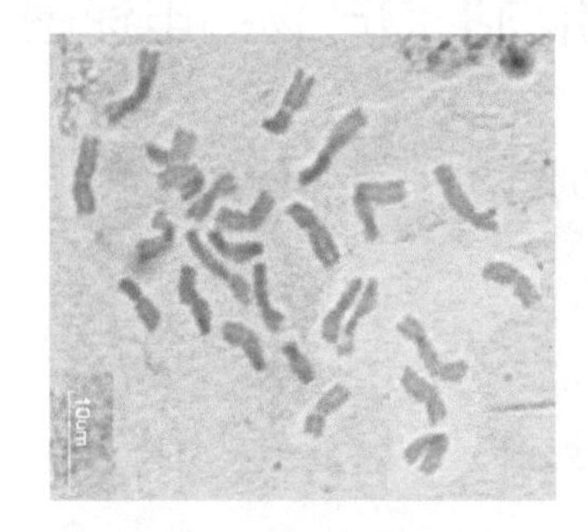

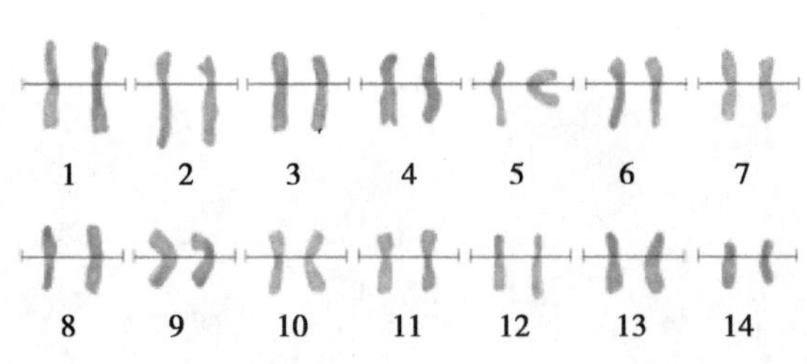

M　老芒麦（ES001）

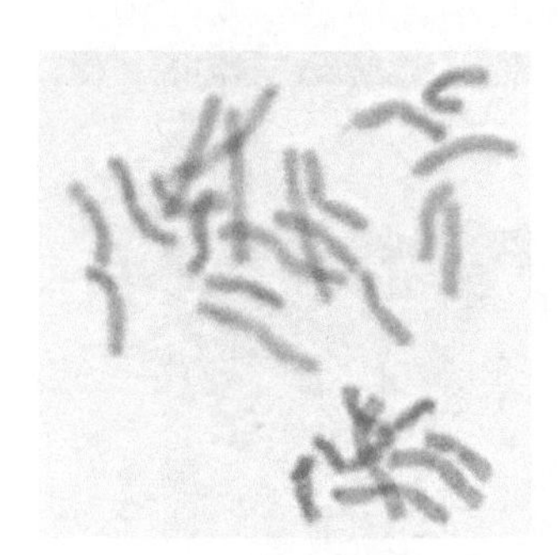

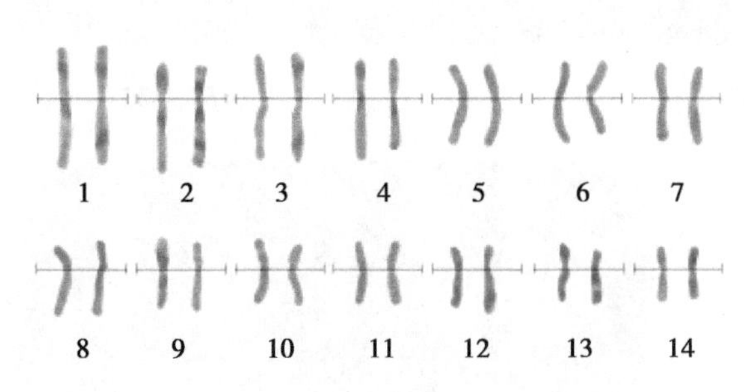

N　老芒麦（ES014）

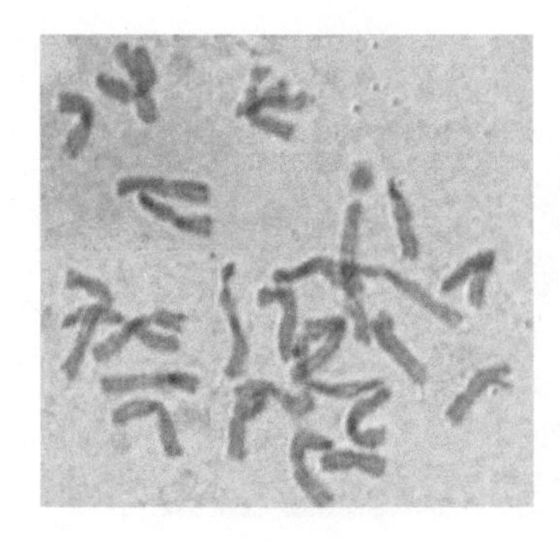

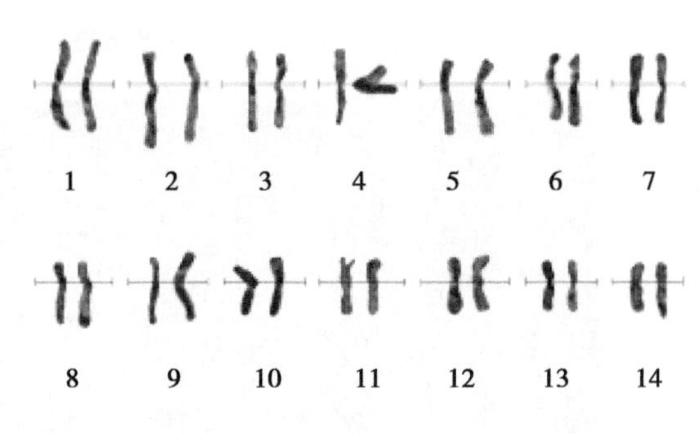

O　老芒麦（ES021）

附录 14　披碱草属 12 个样品对随机引物扩增产物的电泳图

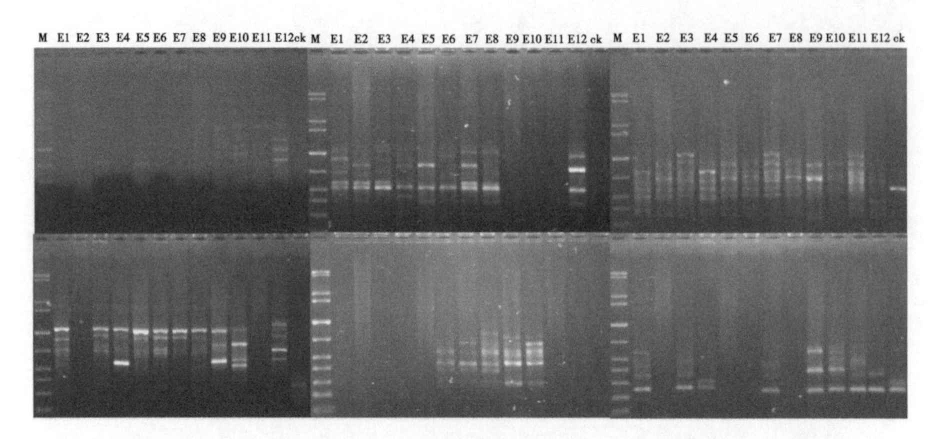

S5-S33

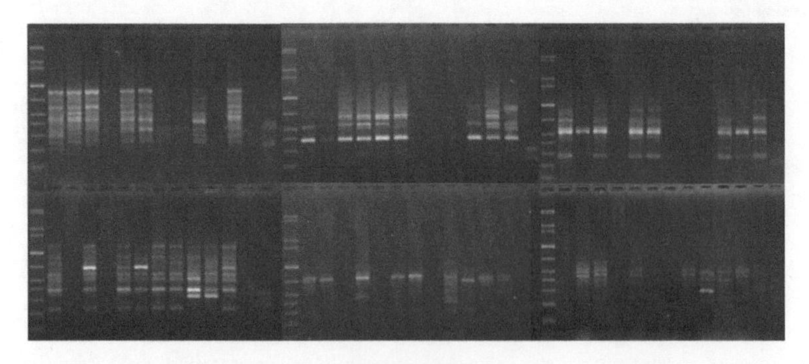

S38-S73

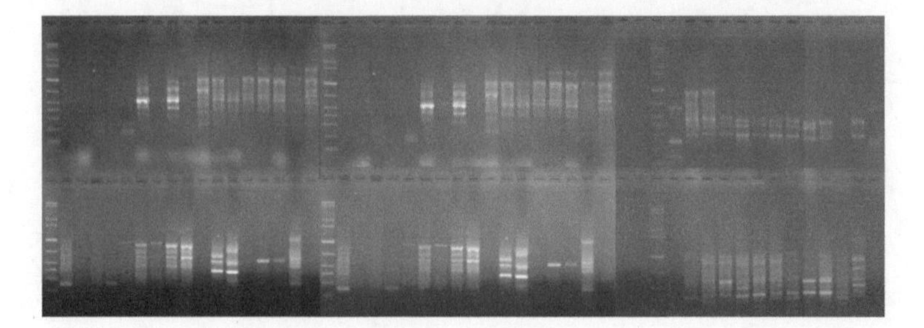

S75-S134

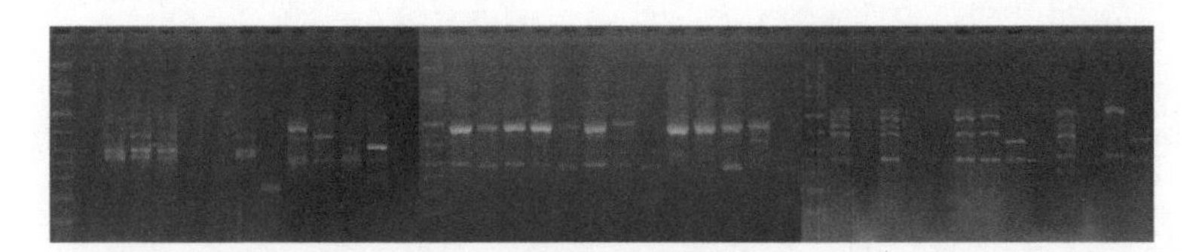

S268-S1409

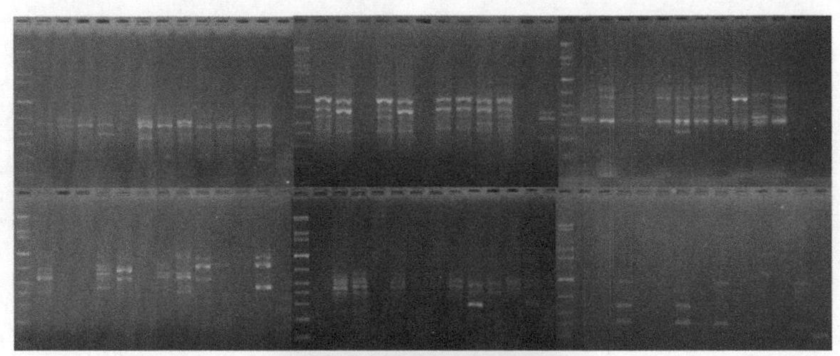

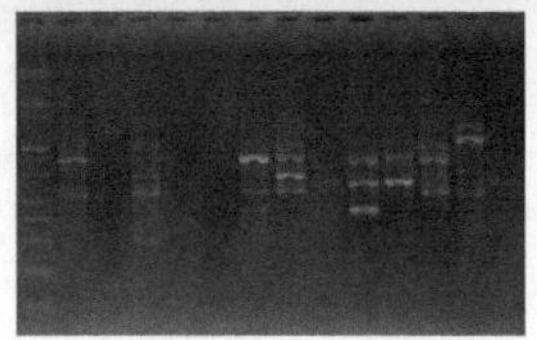

F91887-F91895

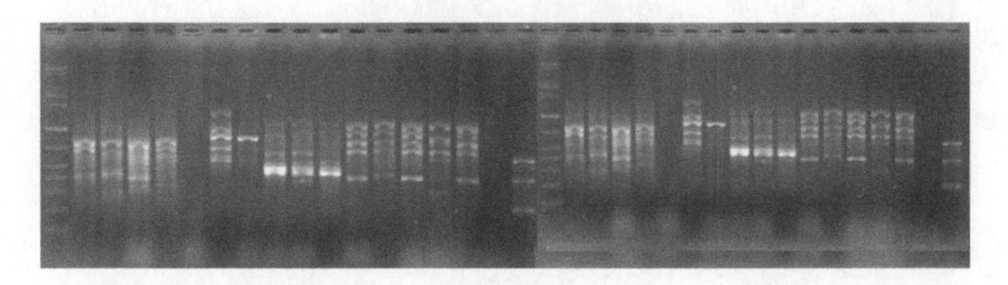

PCR 补充

M：1kb puls DNA ladder　CK：阴性对照　E1- E12：12 个披碱草属样品

附录 15　披碱草属牧草田间评价

附录 16　披碱草属牧草的穗部

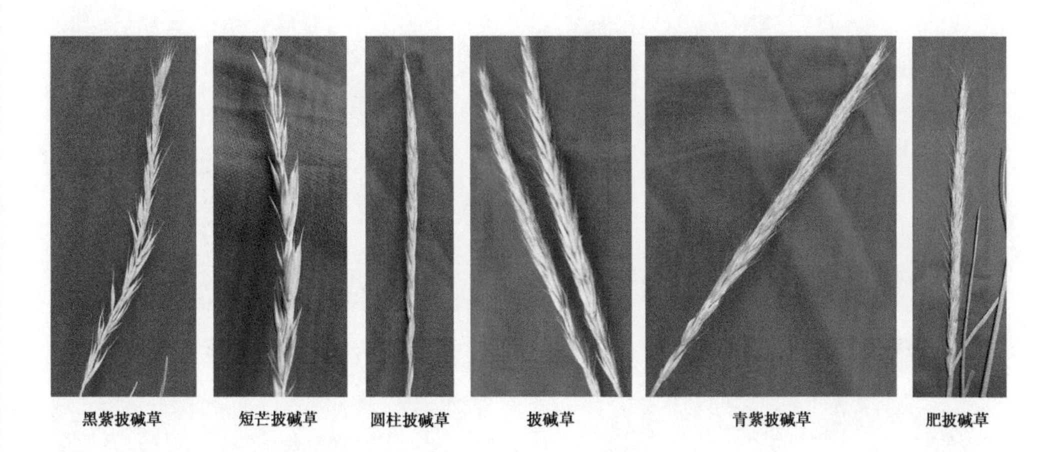

黑紫披碱草　短芒披碱草　圆柱披碱草　披碱草　青紫披碱草　肥披碱草

垂穗披碱草　紫芒披碱草　老芒麦　无芒披碱草　麦賨草　毛披碱草

附录 17　老芒麦种质资源

茎秆基部膝曲，基部叶量大

茎秆直立，植株高大茂密，穗量极大

茎秆斜倚，植株矮小

茎秆直立，株丛稀疏

茎秆直立，株丛高大茂密

茎秆直立，叶量丰富

附录18　常用试剂及其配制

（1）0.002mol/L 8-羟基喹啉（1 000mL）。

取8-羟基喹啉0.29g，先用少许乙醇将其溶解，再用蒸馏水定容至1 000mL。

（2）卡诺固定液（现用现配）（100mL）。

无水乙醇：冰醋酸=3：1

（3）1mol/L HCl溶液（300mL）。

量取浓盐酸25.9mL，加蒸馏水至300mL。

（4）45%醋酸（300mL）。

量取冰醋酸135mL，加蒸馏水165mL。

（5）0.1mol/L柠檬酸（100mL）。

称取柠檬酸2.1g，加蒸馏水100mL。

（6）0.1mol/L柠檬酸钠（100mL）。

称取柠檬酸钠2.94g，加蒸馏水100mL。

（7）A+B缓冲液（100mL）。

40 mL 0.1mol/L柠檬酸+60mL 0.1mol/L柠檬酸钠，4℃储存，灭菌蒸馏水稀释10倍后使用。

（8）果胶酶（5mL）。

称取果胶酶0.263g，加蒸馏水5 mL。

（9）混合酶溶液（10mL）。

纤维素酶2g，加果胶酶2.5 mL，再加入A+B缓冲液7.5 mL。

（10）改良石炭酸品红染液（100mL）。

原液A：3g碱性品红，溶于100mL 70%酒精中（可长期保存）。

原液B：取10mL原液A加入5%苯酚水溶液90mL（棕色瓶中保存，限两周内使用）。

染色液母液：55mL原液B加6mL冰醋酸和6mL 37%甲醛；

改良石炭酸品红染液：

染色液母液5mL；

45%醋酸95mL；

山梨醇1.8g；

初配的改良石炭酸品红染色较浅，放置两周后，着色能力明显增强。此液室温下可保存两年。

（11）0.5mol/L EDTA（100mL）。

称取 18.6g $Na_2EDTA \cdot 2H_2O$，加入 70mL 的蒸馏水后，加入 10 粒左右的 NaOH 颗粒，搅拌溶解后测 pH 值为 8.0 时，补加水至 100mL，灭菌后常温保存。

（12）0.5mol/L Tris-HCl（100mL）。

称取 6.057g 的 Tris，加水至 80mL 后，测 pH 值为 8.0 后，定容至 100mL。常温保存。

（13）5mol/L NaCl（250mL）。

称取 NaCl 73.05g，加蒸馏水定容至 250mL。灭菌后常温保存。

（14）2% CTAB（Cetyltriethylammonium Bromide）提取缓冲液（500mL）。

分别称取 CTAB 和 PVP（聚乙烯吡咯烷酮）各 10g，分别加入 5mol/L NaCl140mL，0.5mol/L EDTA20mL，以及 0.5mol/LTris－HCl 100mL（pH 值＝8.0），再用蒸馏水定容至 500mL。高压灭菌，常温保存。使用时加入 2.5% β-巯基乙醇。

（15）10mg/mL RNase（1mL）。

吸取 0.5mol/L Tris-HCl 20μL，5mol/L NaCl 3μL，然后用灭菌蒸馏水定容至 1mL，称取 10mg 的 RNaseA 加入上述溶液中，在 100℃ 沸水浴中煮 15min，后缓慢冷却至室温，-20℃保存。

（16）10×TE 缓冲液（pH 值=8.0）（100mL）。

分别称取 Tris 1.211 4g 及 EDTA0.372g，加 80mL 蒸馏水，测量 pH 值为 8.0 时，定容至 100mL。

（17）10×TBE 电泳缓冲液（1 000mL）。

Tris 碱 108g

硼酸 55g

0.5mol/L EDTA 40mL（pH 值=8.0）

加蒸馏水定容至 1 000mL，高压灭菌，常温保存。使用时稀释成 0.5×工作液。

（18）10bpPCR 随机引物购自上海生工生物工程股份有限公司。

（19）CTAB 提取缓冲液（0.1 mol/L Tris，20mmol/L EDTA，2% CTAB（W/V），1.4 mol/L NaCl）。

配制方法：称取 Tris 12.10g，EDTA 7.44g 以及 NaCl 81.10g，溶于 800mL 灭菌蒸馏水，用 HCl 将其 pH 值调至 8.0，然后加入 CTAB 20g，加热至 60℃左右使之溶解。用灭菌蒸馏水定容至 1 000mL，37℃条件下保存备用。

（20）酚-氯仿-正辛醇（25：24：1）。

配制方法：量取苯酚 100mL、氯仿 96mL 和正辛醇 4mL，在棕色瓶中混匀，放于排毒柜中备用。

（21）0.2mol/L NaAc。

配制方法：称取 NaAc16.4g，灭菌蒸馏水定容至 1 000mL。

（22）75%乙醇。

配制方法：量取 95%乙醇 75mL，加灭菌蒸馏水定容至 95mL。

（23）100×TE 缓冲液（1mol/L Tris-Cl，0.1mol/L EDTA）。

配制方法：称取 Na_2EDTA 3.722g，Tris 12.11g，溶于 80mL 灭菌蒸馏水中，用 HCl 将其 pH 值调至 8.0，然后用灭菌蒸馏水将其定容至 100mL，高压灭菌（1.03×10^5Pa，20min）后，在 4℃条件下保存，使用时稀释 100 倍。

（24）50×TAE。

配制方法：称取 24.2g Tris 加入到 50mL 灭菌蒸馏水中，溶解后加 20mL 0.5mol/L EDTA（pH 值=8.0）和 5.71mL 冰乙酸，定容至 100mL。

（25）β-巯基乙醇。

（26）RNase 溶液（10mg/mL）（天根）。

（27）琼脂糖（西班牙）。

（28）Goldview™核酸染料（天根）。

（29）ISSR 引物（上海生工）。

（30）Taq DNA 聚合酶（5U/μL，TaKaRa 公司）；Mg^{2+}：$MgCl_2$（25mmol/L，TaKaRa 公司）；Buffer：10×PCR Buffer［100mmol/L Tris-HCl（pH 值=8.3），500mmol/L KCl，不含 Mg^{2+}］；dNTPs：4 种 dNTP 混合液，浓度均为 2.5mmol/L；标准分子量标记（Marker）：DL15 000 Marker，DL2 000 Marker。

附录19　实验中部分仪器设备

名称	公司/厂	型号
移液器	楚利恒公司	Eppendorf
恒温箱	上海甲贤恒温设备厂	DHP-9162
制冰机	GRANT 公司	FMX 70KS
数码显微摄影系统	麦克奥迪公司	Motic-BA200
软件	麦克奥迪公司	Motic Images Advanced 3. 2
	香港自然基因有限公司	Video Karyo3. 1
	天能科技有限公司	Tanon GIS 3. 14
超低温冰柜	SANYO 公司	MDF-382E
水浴锅	长风电器厂	XMTD-6000
低温离心机	Saitexiangyi 公司	TGL-20M
	华粤公司	MIKRO-22R
高速离心机	珠海黑马公司	TGL-16H
电泳仪	北京市六一仪器厂	DYY-6C
超净工作台	ZHICHENG 公司	ZHJH-1109
PCR 仪	Biometra-Tgradient 公司	RS232
电子天平	DHAUS 公司	AR1140
高压灭菌锅	HIRAYAMA 公司	HVE-50
PCR 仪	Bio-RAD 公司	DNAEngine（PTC-200）
荧光/可见光凝胶成像分析系统	美国 ProteinSimple 公司	AlphaImager HP
紫外分光光度计	UNICO 公司	UN 4802